PERMAKULTUR

ANGELA GERLACH

PERMAKULTUR

Von der Natur lernen
und nachhaltige Kreisläufe
im Garten schaffen

DUMONT

FÜR ELVIRA

INHALT

VORWORT

Es ist mir eine besondere Freude, dem Werk von Angela Gerlach dieses Vorwort voranstellen zu dürfen. Auf bemerkenswerte Weise ist es Angela gelungen, ihre Kompetenzen aus dem Graphic Recording mit ihrer Ausbildung zur Permakultur-Gestalterin zu verknüpfen: Für ihre Mitstudierenden am Permakultur-Campus und sich selbst hat sie durchgängig illustrierte und sehr pointierte Protokolle geschaffen. Mit ihrem unverkennbaren zeichnerischen Ausdruck gelingt es ihr so auf leicht verständliche Art und Weise, die Betrachtenden auf ihrer Reise durch die Gebiete der Permakultur zu begleiten. Durch die greifbare Darstellung der verschiedenen Analyse- und Gestaltungsmethoden der Permakultur inspiriert das Buch den Leser dazu, selbst auf die Suche nach eigenen Gestaltungsmöglichkeiten zu gehen.

Der Schwerpunkt wird in diesem Buch auf das Gärtnern gelegt. Durch die Arbeit im Grünen erwächst für viele Menschen eine neue Verbindung zu sich selbst und eine unmittelbare Verbundenheit mit der Natur. In der permakulturellen Beobachtung und über das systemische Begreifen gelangen sie zu einer tieferen Einsicht über die Wechselwirkungen und Abhängigkeiten innerhalb ihrer Mitwelt. Durch die Themenwahl (vom Gestaltungsprozess über Boden und Wasser bis hin zu den Pflanzen und konkreten adaptierbaren permakulturellen Lösungen) ist ein anwendungsorientiertes und anschauliches Praxisbuch entstanden, das sowohl zum schnellen

Einstieg in die Materie als auch zur Inspiration und zum Nachschlagen einlädt.

Als zukunftsfähiger Gestaltungsansatz möchte die Permakultur mit Mitteln und Methoden aus den unterschiedlichsten Kontexten und theoretischen Feldern, für den Einzelnen, für Familien und für Gemeinschaften relevante Lebensbereiche so organisieren, dass eine harmonische Beziehung zwischen dem Menschen und seiner Mitwelt entsteht. Die Themenfelder entfalten sich über den gesamten uns natürlich umgebenden Raum – also nicht nur über die Natur, sondern auch über die von Menschen gebauten Häuser und Strukturen, mit den dabei verwendeten Materialien, Methoden und implementierten Kreisläufen. Insbesondere Lowtech-Lösungen werden in den Mittelpunkt gerückt, die von jedem einfach zu nutzen sind.

Im Feld der Kultur und Bildung versucht die Permakultur mit direkten Ansätzen wie dem Action Learning, Erfahrungen und Erkenntnisse unmittelbar im Prozess zu gewinnen. Auch geht sie mit einer aktiven partizipativen Haltung an Kultur- und Bildungssituationen heran; so werden beispielsweise gesundheitliche Aspekte aus einer ganzheitlichen und präventiven Perspektive betrachtet und Wirtschaft und Finanzen anders gedacht – zum Beispiel über die Entwicklung von Regional- oder Komplementärwährungen mit ökonomisch lokalisierten Kreisläufen als Alternative zu einem der Natur fremden, unbegrenzten Wachstum. Permakultur denkt das Miteinander neu, und zwar in dialogischen dezentralen Organisations- und Entscheidungswegen statt in klassischen hierarchischen Top-Down-Strukturen und Unternehmensformen.

Das vorliegende Werk stellt für mich in Bezug auf Ästhetik und Bildung im Bereich der Permakultur-Literatur ein echtes Novum dar. Die freudvolle Bildsprache lässt Erwachsene wie Kinder in den Zeichnungen viele Details entdecken und bindet so auch unsere kleinen Mitmenschen bei der Gestaltung eines neuen Gartens aktiv ein. Für meine Bildungspraxis in vielen afrikanischen Ländern, in denen wir zum Teil immer noch mit einem sehr hohen Anteil an Analphabeten arbeiten, zeigt sich immer wieder, wie detailreiche und dennoch klare Darstellungen das gemeinsame Lernen praktischer permakultureller Gestaltung erheblich unterstützen.

In diesem Sinne wünsche ich diesem Buch einen ganz besonderen Erfolg und die Chance, viele Menschen auf der ganzen Welt zu erreichen!

Edouard van Diem
Leiter des Permakultur-Campus in Hamburg

PERMAKULTUR
Prinzipien
→ beobachte & nimm teil
→ ENERGIE sammeln & speichern
→ erziele einen ERTRAG
→ lasse SELBSTREGULIERUNG zu & akzeptiere RÜCKKOPPLUNG
→ unterstütze erneuerbare RESSOURCEN & DIENSTLEISTUNG
→ verschwende NICHTS
→ gehe vom MUSTER hin zum DETAIL
→ EINBEZIEHEN statt AUSGRENZEN
→ finde KLEINE & LANGSAME LÖSUNGEN
→ pflege die VIELFALT
→ nutze RANDZONEN & schätze ÜBERGÄNGE
→ reagiere kreativ auf WANDEL
WANDEL
ZIEL

PERMAKULTUR
DAVID HOLMGREN
BILL MOLLISON
ERFINDER
AUSTRALIEN
viel von den ABORIGINES abgeschaut
PERMANENT
+AGRICULTURE
=PERMACULTURE
GESTALTUNGSPROZESS
CARE FOR EARTH
CARE FOR PEOPLE
FAIR SHARE
KERN
PLANUNG, GESTALTUNG & ERHALTUNG zukunftsfähiger LEBENSRÄUME
LEITSÄTZE
VIELFALT statt EINFALT
OPTIMIEREN statt MAXIMIEREN
KOOPERATION statt KONKURRENZ
KREISLÄUFE
VERNETZUNG
ZUSAMMENHÄNGE
SCHAFFEN!

EINLEITUNG

Teilhaben und Teilen

Ursprünglich wollte ich die Einleitung wie alle anderen Seiten auch zeichnen, aber dann wurde mir klar, dass das zu wirr und unverständlich wäre. Ein undurchdringliches Wimmelbild. Wobei mein erster Permakultur-Garten genau so aussah: Ein riesiges Durcheinander und nur ich war in der Lage, das System dahinter zu erkennen. Was, wann, mit wem und wo? Aber an dieser Einleitung sollen schließlich außer mir noch andere teilhaben. Denn darum geht es auch in der Permakultur: um Teilhabe. Ein Teil von etwas zu werden, viele Teile einzubeziehen und aufeinander abzustimmen, Teile zu verbinden. Und natürlich auch ums Teilen.

Als Chance begreifen

Als mir der Begriff »Permakultur« zum ersten Mal begegnete, hatte ich nur eine diffuse Ahnung, dass etwas Interessantes und Sinnvolles dahinterstecken könnte, etwas, das irgendwie groß ist. Ich habe mich kurzerhand für einen Einsteigerkurs am Hamburger Permakultur-Campus angemeldet und bin bis zur Abschlussprüfung geblieben. Ich wollte dieses System verstehen und mir wurde schnell klar, dass da eine große Chance ist, ein Plan, ein Ausweg, und dass dieses Wissen, zumindest in Ansätzen, irgendwie auch schon in mir angelegt war. Alles erschien so logisch. Meine Großmutter, die einen Bauernhof in der Oberpfalz besaß, kannte mit Sicherheit einige dieser Anwendungen.

Bill Mollison und David Holmgren, die Väter der Permakultur, haben dieses Konzept in Australien entworfen und in den 1970er-Jahren in die Form des Gestaltungsprozesses gebracht. Mollison und Holmgren haben eine Reihe von Prinzipien definiert (S. 8–9) und diese zur ethischen Grundlage erklärt.

Logisch, wirksam und einfach

Permakultur ist eine Methode, mit der nachhaltige und sich selbst tragende Kreisläufe geschaffen werden – im Privaten ebenso wie in der Öffentlichkeit, in der Natur genauso wie im sozialen Miteinander. Permakultur bedeutet, die Natur und ihre Systeme nachzuahmen und all das, was sie in Millionen von Jahren entwickelt hat, das sich als überlebensfähig und nachhaltig erwiesen hat, zu adaptieren und Muster zu übernehmen. Es geht darum, die natürlichen Systeme zu durchschauen und deren Logik zu verstehen, aber vor allem zu erkennen, wie wirksam und gleichzeitig einfach das ist. Das sieht nicht immer ordentlich aus. Eigentlich sogar nie. Und manchmal muss man viel argumentieren, um Menschen zu überzeugen. Am Anfang habe ich mich noch hinter meinem Hochbeet versteckt, wenn Spaziergänger vor meinem Garten stehengeblieben sind und Begriffe wie »vernachlässigt« oder »unordentlich« fielen. Solche Kommentare und skeptischen Blicke ertrage ich inzwischen mit stoischer Ruhe, weil ich weiß, dass es funktioniert.

Was die Augen sehen

Das Beobachten ist ein wesentlicher Bestandteil in der Permakultur und zu einer meiner Lieblingsphasen beim Planen eines Gartens geworden. Ein Garten am Morgen ist ein ganz anderer als einer am Abend, nach ein paar regenreichen Tagen ein vollkommen anderer als nach einem heißen Sommertag. Die Natur verändert sich stetig und hat ausgeklügelte Anpassungsmethoden. Genau diese gilt es zu beobachten. Wenn es sein muss auch monatelang. Die Planung beruht auf diesen Beobachtungen, und die einzelnen Elemente werden darauf abgestimmt. Denn es geht natürlich auch immer um Ertrag. Und hier kommt auch schon die schlechte Nachricht: Es wird nicht alles sofort funktionieren. Dann heißt es, ein paar Schritte zurückzugehen und zu analysieren. Wo ist der Fehler in meinem System? Was habe ich nicht gesehen oder berücksichtigt? Manchmal hat man aber auch einfach nur Pech. Das ist die gute Nachricht. Was kann ich dafür, wenn der Nachbar beschließt, seine alte, für mich perfekte Hecke gegen einen Carport einzutauschen?

Bilder und Emotionen gezielt nutzen

In der Ausbildung zur Permakultur-Gestalterin habe ich immer viel mitgezeichnet. Das ist meine Form der Protokollierung, denn in erster Linie bin ich Illustratorin. An meinen Mitstudierenden habe ich dann schnell erkannt, wie viel zugänglicher das Thema durch die Bilder wird und wie emotional sie darauf reagiert haben. Und da war die Idee zum gezeichneten Permakultur-Buch geboren. Denn über Bilder und Emotionen lassen sich Informationen viel nachhaltiger vermitteln, sie bleiben länger im Gedächtnis und sind schneller abrufbar. Und das Thema Garten- und Landschaftsbau kann wahrlich etwas Emotion vertragen. Pflanzen sind zu Empfindungen fähig und sie haben ein ausgeklügeltes Kommunikationssystem – das ist mittlerweile unumstritten. Sie sollten ihren verdienten Platz zurückerhalten, nämlich als Lebewesen an unserer Seite mit Wünschen und Bedürfnissen. Wenn ich heute einen alleinstehenden Baum auf einem Feld oder einer Wiese sehe, empfinde ich Mitleid. Und als eine Freundin in meinen Garten kam und versehentlich auf ein Gänseblümchen getreten ist, habe ich »Aua!« gerufen – so weit muss es vielleicht nicht gehen.

Vielfalt pflegen

Permakultur hat nichts mit Esoterik zu tun, aber noch viel weniger mit Heimatschutz. Vor allem letzterer hat keinen Platz in der Permakultur, denn nirgendwo spielt Vielfalt eine größere Rolle als hier, und nirgendwo wird deutlicher, dass ohne maximale Vielfalt die Prinzipien nicht funktionieren – und zwar auf der ganzen Welt.
Eines der zentralen Permakultur-Prinzipien lautet: Pflege die Vielfalt. Alle Lebensformen haben den gleichen Wert und hängen voneinander ab. Das Verschwinden einer Lebensform hat fatale

Folgen. Das kann man aktuell am Insektensterben beobachten. Ohne Fluginsekten gibt es kaum noch Bestäubung, und ohne Bestäubung fast nichts mehr auf unseren Tellern. Die Befruchtung findet in vielen Teilen dieser Welt inzwischen durch Menschenhand statt. Das Artensterben schreitet rasant voran und hat sich in wenigen Jahren verhundertfacht. Durch die Zerstörung der Wälder und die Ausbreitung der konventionellen Landwirtschaft haben wir seit den 1970er-Jahren mehr als zwei Drittel der Tierwelt vernichtet. Der Kreislauf ist gestört und die Folgen sind katastrophal. Allerdings ist ein »Zurück zur Natur« auch nicht der einzig wahre Weg, denn fortschrittliche Technologien nicht zu nutzen – sofern sie keine Ressourcen verschwenden –, ist kurzsichtig und verschließt zu viele Möglichkeiten. Sonne, Wasser und Wind produzieren Energie, deren Effizienz heute noch viel zu wenig genutzt wird.

Die Natur stellt uns all das zur Verfügung. Wobei es die »Natur« so eigentlich gar nicht gibt, denn das hieße ja, dass sie von uns abgekoppelt ist. Genau das ist der Irrtum. Wir sind mittendrin und Teil des Ganzen. Es funktioniert nicht, nur eine Komponente eines Systems zu nutzen und alle anderen zu ignorieren, was an der aktuellen konventionellen Landwirtschaft mit ihren Monokulturen zu sehen ist. Diese funktionieren, wenn überhaupt, nur sehr kurzfristig. Danach ist der Boden ausgelaugt und kann nur noch durch den Einsatz von teuren Düngemitteln und Agrargiften aufrechterhalten werden.

Die natürlichen Systeme hingegen funktionieren bereits perfekt. Was liegt also näher, als mit ihnen zu arbeiten?

Spaß und Erfolg beim Gärtnern

Mein Buch richtet sich an all jene, die das versuchen möchten – zumindest im Kleinen. Es ist für Einsteiger konzipiert, die entweder ganz von vorne anfangen oder schon etwas Erfahrung mit dem eigenen Garten haben und vielleicht nicht mehr weiterkommen. Und natürlich an alle, die einfach nur wissen wollen, was Permakultur überhaupt bedeutet. Es soll unterhalten und Lust machen, gleich loszulegen. Gartenarbeit bedeutet nicht nur Rückenschmerzen und schwarze Fingernägel, sondern auch Humor, Erfolg, Miteinander und sogar Poesie. Denn wo bitte findet man so dichterische, aber gleichzeitig auch verrückte Namen wie: Achselknospe, Quirlige Knorpelmiere, Grasblättriger Froschlöffel oder Embryosackzelle?

In diesem Sinne: Get permanent!

PERMA KULTUR
IST EIN
TANZ,
BEI DEM DIE
NATUR
FÜHRT.
BILL MOLLISON

ALLE Lebensformen haben den

Kreisläufe
schließen

Fruchtbarkeit
und
Vielfalt auf lange Sicht!
→ Von der Natur lernen …
Alles gärtnert und hat einen Effekt auf die Umwelt.
gleichen WERT!
→ Und hängen voneinander ab.
… und nachahmen
Ein schlüssiges System erhöht den Ertrag, schont die Umwelt und macht weniger Arbeit.
→ Gestörte und deshalb anfällige Systeme

GESTALTUNG

GESTALTUNG
PROZESS
Beobachtung
Analyse
Entwurf
ICH HAB ZEIT.
Wie entwickeln sich Ökosysteme?
Gut wäre ein ganzes Jahr.
BEOBACHTEN
VON DEN JAHRESZEITEN LERNEN
Boden? Lebewesen? Was wächst als Erstes?
Was dominiert? Welche Tiere sind da?
Mulch? Wie viel und von wem?
Pause
Wie könnte der Garten in 5 Jahren aussehen?
JAHR 1
JAHR 3
JAHR 5
Träumen

Um-
setzung
Betrieb
Über-
prüfung
Opti-
mierung
SAMMELN
Aber noch nicht bewerten!
Welche Pflanzen dominieren?
Wo ist Sonne und wo Schatten?
Woher kommt der Wind meistens?
Wie ist der Boden?
Wo sammelt sich Wasser?
Welche Tiere gibt es hier?
Wie fühle ich mich hier?
Gibt es Gefälle?
Was höre ich?
ALLES, WAS AUF-FÄLLT

ANALYSE

WÜNSCHE & BEDÜRFNISSE

aller Beteiligten sammeln und nach Aufwand sortieren

MINDMAP

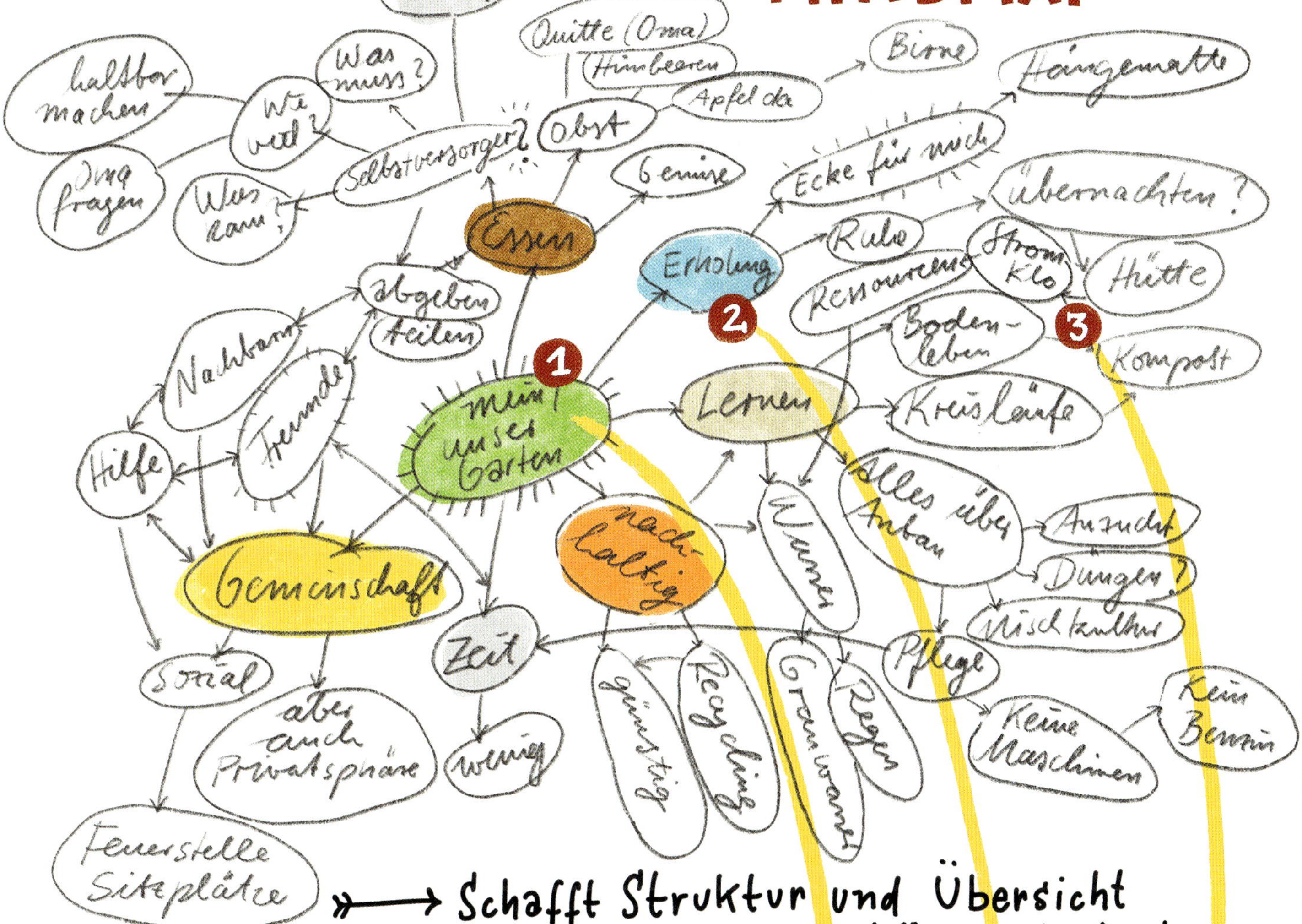

→ Schafft Struktur und Übersicht
→ Macht Zusammenhänge deutlich
→ Legt Wissenslücken offen
→ Bringt Klarheit → sieht nicht danach aus, funktioniert aber! → Lässt sich beliebig erweitern

Diese **VORBEREITUNG** ist ein wichtiger Baustein in einer gelungenen Gestaltung und verhindert spätere Unzufriedenheiten oder sogar Frust.

1. PROJEKT…
2. …davon abgehend, die relevantesten Themen
3. …davon abgehend alles, was einem dazu einfällt. Mit Pfeilen Verbindungen herausarbeiten.

AUFWAND → ca. 80% sollten in den Aufbau eines SYSTEMS fließen, ca. 20% in dessen Erhalt.

NOCH MEHR ...

ANALYSE METHODEN

SWOC

Welche Stärken haben wir und unser Projekt?

Welche Schwächen?

STRENGTHS	WEAKNESSES
· wir sind viele · guter Boden · alter Baumbestand · viel Platz ·	· starke Winde · viel Schatten (Bäume) · Nachbar komisch · Anfahrt? ·
OPPORTUNITIES	**CONSTRAINS**
· Pferdehof (Mist) · Trecker vom Nachbarn · Kooperation mit Bioladen	· Pachtvertrag befristet · wenig Geld · ·

BEISPIEL

Welche Chancen existieren?

Welche Beschränkungen?

Die machbaren Vorhaben/Elemente auf ihre **MULTI-FUNKTIONALITÄT** prüfen.

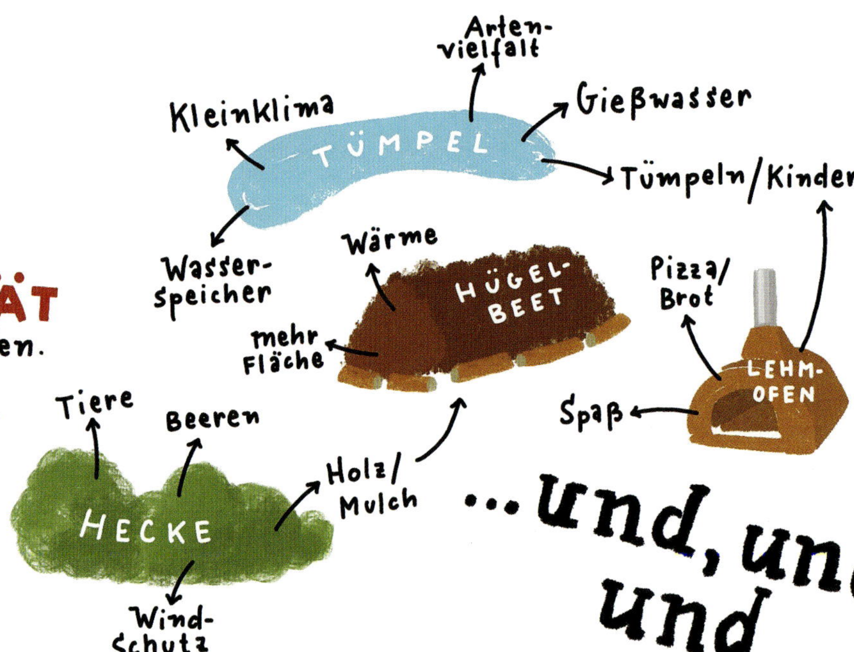

Jedes ELEMENT sollte mehrere **FUNKTIONEN** erfüllen!

... und, und, und.

FOTOS machen →

ENTWURF machen!

Alles, was vorhanden ist, einzeichnen

Auf Maßstab achten

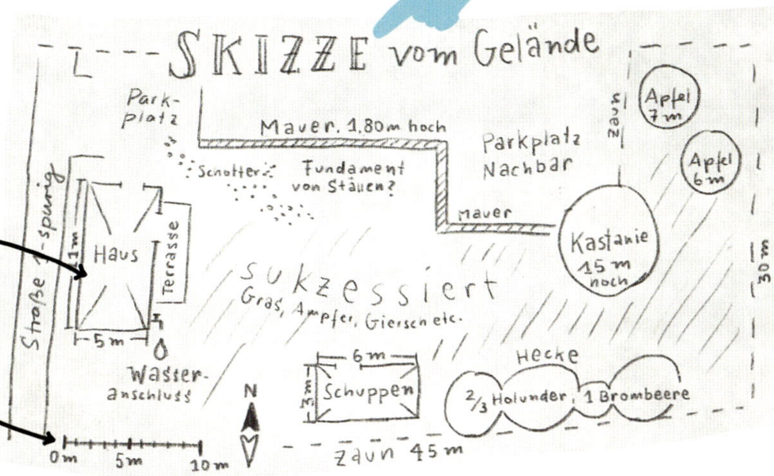

ZONIERUNG

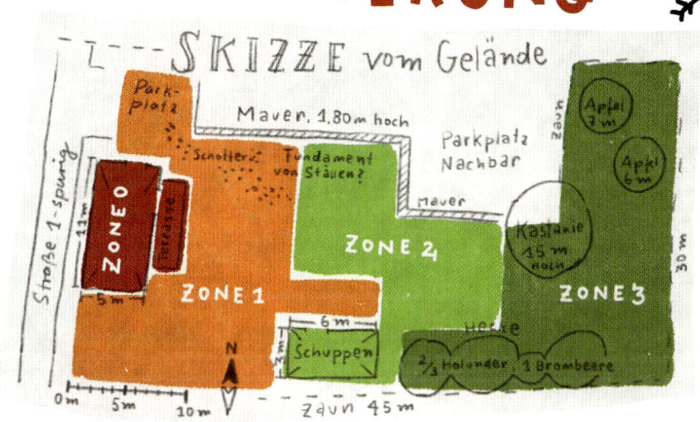

ZONE 0 → Haus

ZONE 1 → Intensive Pflege, z.B. Küchengarten

ZONE 2 → Weniger intensive Pflege, z.B. Gemüse

ZONE 3 → Minimale Pflege, z.B. Obst- und Nussbäume, Waldgarten, Wildnis

Sonne

Schatten

Wind

Geräusche

Elemente ausschneiden und durch Hin- und Herschieben besten Standort ermitteln

Dabei auf Größenverhältnis achten

MUSTER

Von der Natur lernen!

→ erkennen & in den Gestaltungsprozess einbinden!

SPIRALEN

→ Optimale Verteilung bei minimaler Überlappung
→ Mehr Masse auf gleicher Fläche

Kräuterspiralen, Spiralgärten, Wege & Beete, Wendeltreppen

LEONARDO FIBONACCI
MATHEMATIKER im Mittelalter

Fibonacci-Folge

1 1 2 3 5 8 13 21 34 55 ... endlos

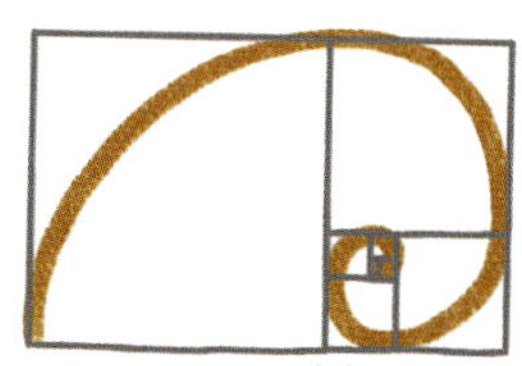

In Proportionen

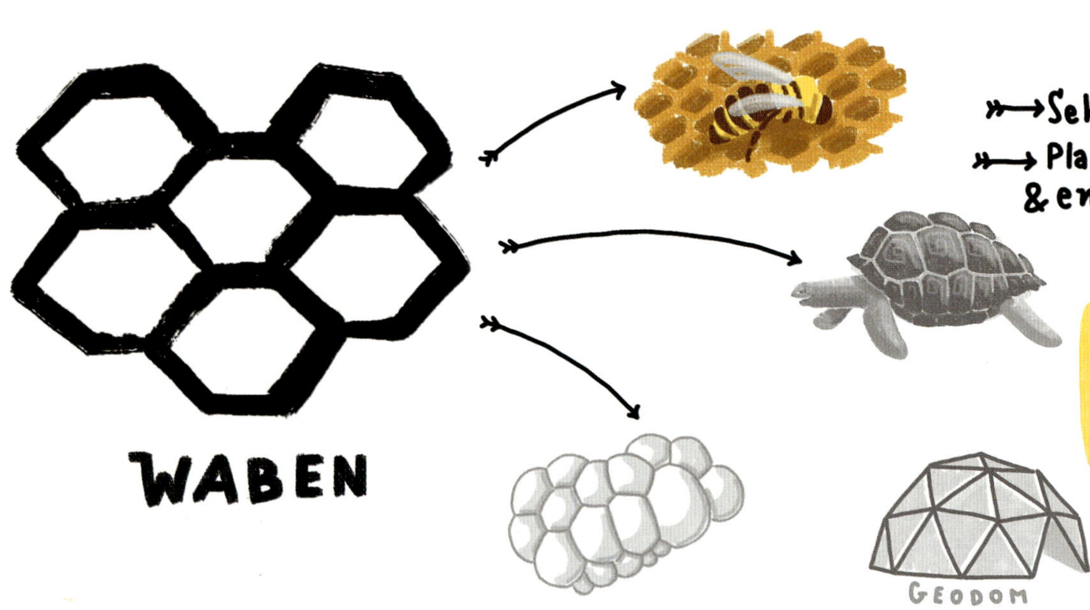

WABEN

→ Sehr stabil
→ Platz-, material- & energiesparend

Wege & Beete, Gewächshäuser, Zelte, Architektur

GEODOM

WELLEN
Gleichmäßige Verteilung von Energie
Zirkulation
Beweglichkeit
Steigungs-reduktion
Bewässerungs-systeme, Swales, Terrassierungen, Wege & Beete
KREISE
Kleinste Fläche mit größtem Volumen
Kugelbauten, Mandalabeete, fliegende Untertassen
Richtig!
NETZE
Sehr stabil
Maximale Verknüpfung
Kurze Wege
Pflanzengilden, Wege & Beete, Stadtplanung, Kommunikation
Und dann gibt es noch die …
… Strom-linien
… Lappen, Zotten
… Verzwei-gungen

ELEMENTE

RANDZONEN
WALDRÄNDER
Übergang von 2 Systemen
→ Hohe Artenvielfalt
→ Vielfältige Wechselwirkungen
→ Hohe Anpassungsfähigkeit
→ Sehr produktiv
→ Dynamisch
FLUSSMÜNDUNGEN
UFERLANDSCHAFTEN
OASEN
Schnittstellen beobachten & nachahmen!
KLAR

BAUMSCHEIBE

VON OBEN

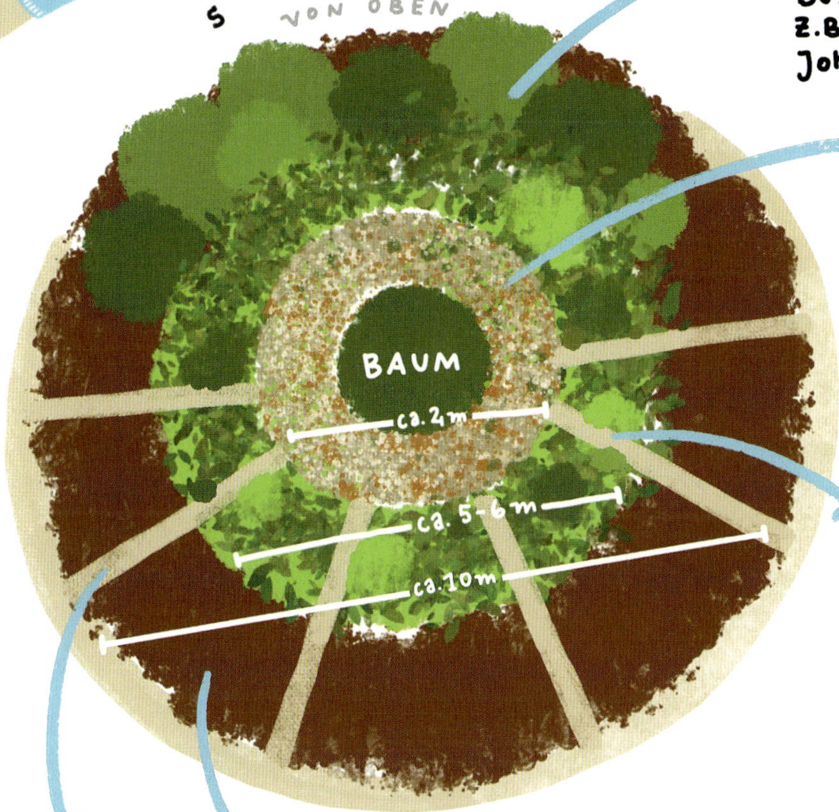

ERWEITERUNG des Ergänzungsrings durch Büsche an der Nordseite. z.B. Haselnuss, Holunder, Johannisbeere, Stachelbeere

INNERER KREIS
→ Entspricht der Waldbodenzone
→ Dick mulchen (S. 70) und Gründünger einsäen, z.B. Portulak, Kapuzinerkresse, Phacelia. Nur Schwachzehrer (S. 92)

STAUDENGÜRTEL
→ Ausdauernde Pflanzen (multifunktional), die den Boden verbessern und Mulchmaterial liefern. z.B. Beinwell, Brennnessel, Löwenzahn, Lupine, Meerrettich, Schafgarbe

Schmale Mulchwege

ERGÄNZUNGSRING
→ Beete: Gemüse, Kräuter, Blumen, wie bei Mischkultur (S. 94)

Randzoneneffekt → GRÖßERE LEBENSDICHTE

SCHLÜSSELLOCHBEET

→ Büsche & Sträucher (wie oben), hier ist auch ein Himbeerspalier zur Umrandung geeignet.

→ Stauden (wie oben) & mehrjährige Kräuter, z.B. Salbei, Schnittlauch, Estragon, Minze etc.

→ Beete wie bei Mischkultur (S. 94), nur hier nicht in Reihen, sondern in Gilden pflanzen.

WALDGARTEN

VORBILD: Ökoystem Wald

- Langfristige Versorgung
- Sehr ertragreich durch Schichten
- Stabiler Kreislauf über Jahre
- Hohe Artenvielfalt

später Holz

BAUMSCHICHT
große Bäume: Birke, Buche, Esskastanie, Linde, aber auch hochwachsende Obstbäume wie Apfel, Birne, Kirsche etc.

Baumkronen sorgen für Schutz, Schatten & Lebensraum. Der Wasserhaushalt ist wichtig für das Kleinklima.

KLETTERPFLANZEN
Efeu, Hopfen, Kiwi, Rebe etc.

OBSTBAUMSCHICHT
kleinere Obstbäume: Apfel, Birne, Süßkirsche, Pflaume, Mispel, Pfirsich, Zwetschge etc.

GROßSTRAUCHSCHICHT
Aronia, Felsenbirne, Haselnuss, Holunder, Kornelkirsche, Sanddorn, Weißdorn etc.

Sträucher bieten Unterkunft & Nahrung für Vögel, Kleinsäuger & Insekten.

STRAUCHSCHICHT
Heidelbeere, Himbeere, Johannisbeere, Stachelbeere etc.

STAUDENSCHICHT
Beinwell, Meerrettich, Minze, Rhabarber, Schafgarbe, Topinambur und auch Wurzel- und Zwiebelgemüse

Stauden verbessern den Boden. Tiefwurzler hinterlassen Wurzelkanäle, die den Bäumen zugutekommen.

BODENDECKER
Bärlauch, Walderdbeere, Waldmeister, Minze

Schützen vor Austrocknung bzw. Verschlämmung

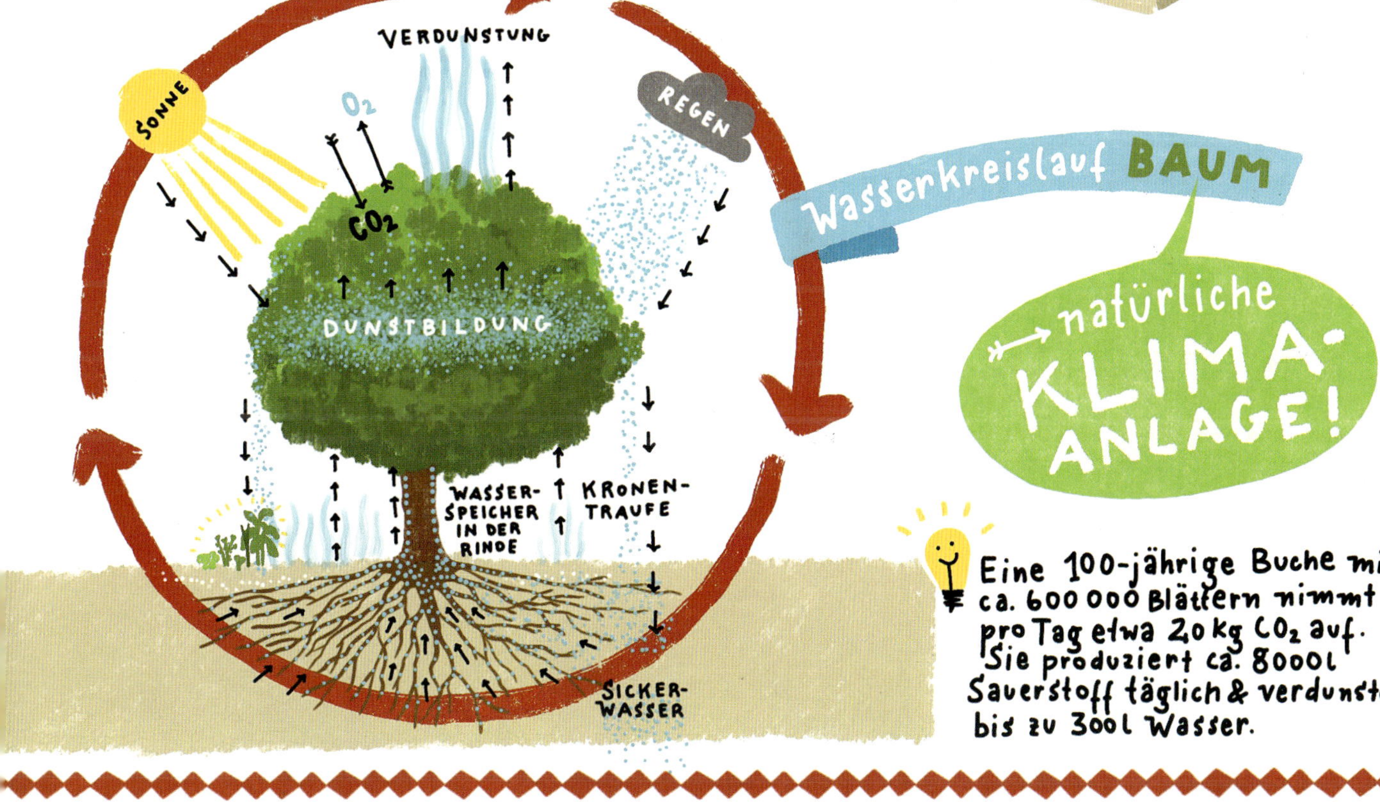

Eine 100-jährige Buche mit ca. 600 000 Blättern nimmt pro Tag etwa 20 kg CO_2 auf. Sie produziert ca. 8000 l Sauerstoff täglich & verdunstet bis zu 300 l Wasser.

SUKZESSION

→ Zeitliche Abfolge von Pflanzen- und Tiergesellschaften an einem Standort

→ Nach einer **STÖRUNG**, z. B. durch Feuer, Überschwemmung, Erdrutsch etc. kommt es zur **NEUBESIEDLUNG**.

VORGÄNGER

PHASE 1 PIONIERPFLANZEN

Algen, Binsen, Flechten, Gräser, Leguminosen, Moose etc.

→ Sind die Vorbereiter und reichern den Boden mit Nährstoffen an.

→ Hohes Fortpflanzungspotenzial

BEISPIEL:

Das schmalblättrige Weidenröschen, auch Trümmerblume genannt, festigt mit Rhizom (S. 89) den Boden.

PHASE 2 HOCHSTAUDEN

Ampfer, Brennnessel, Disteln, Giersch, Schachtelhalm, Wegeriche etc.

→ Pioniere werden durch konkurrenzstärkere Nachfolger ersetzt. Diese sind anspruchsvoller, aber auch produktiver. Kleine Tiere ziehen ein.

PHASE 3 VERBUSCHUNG

Büsche, Sträucher, Stauden etc.

→ Humose Schicht nimmt zu.
Kreisläufe werden stabiler.
Artenvielfalt erhöht sich.

PHASE 4 VORWALD

Birke, Buche, Erle, Pappel, Weide etc.

→ Sehr hohe Produktivität. Ressourcen werden effektiv genutzt. Der Kreislauf ist stabil.

→ Danach Wald bis zur nächsten Störung. 😕

TERRASSIERUNG

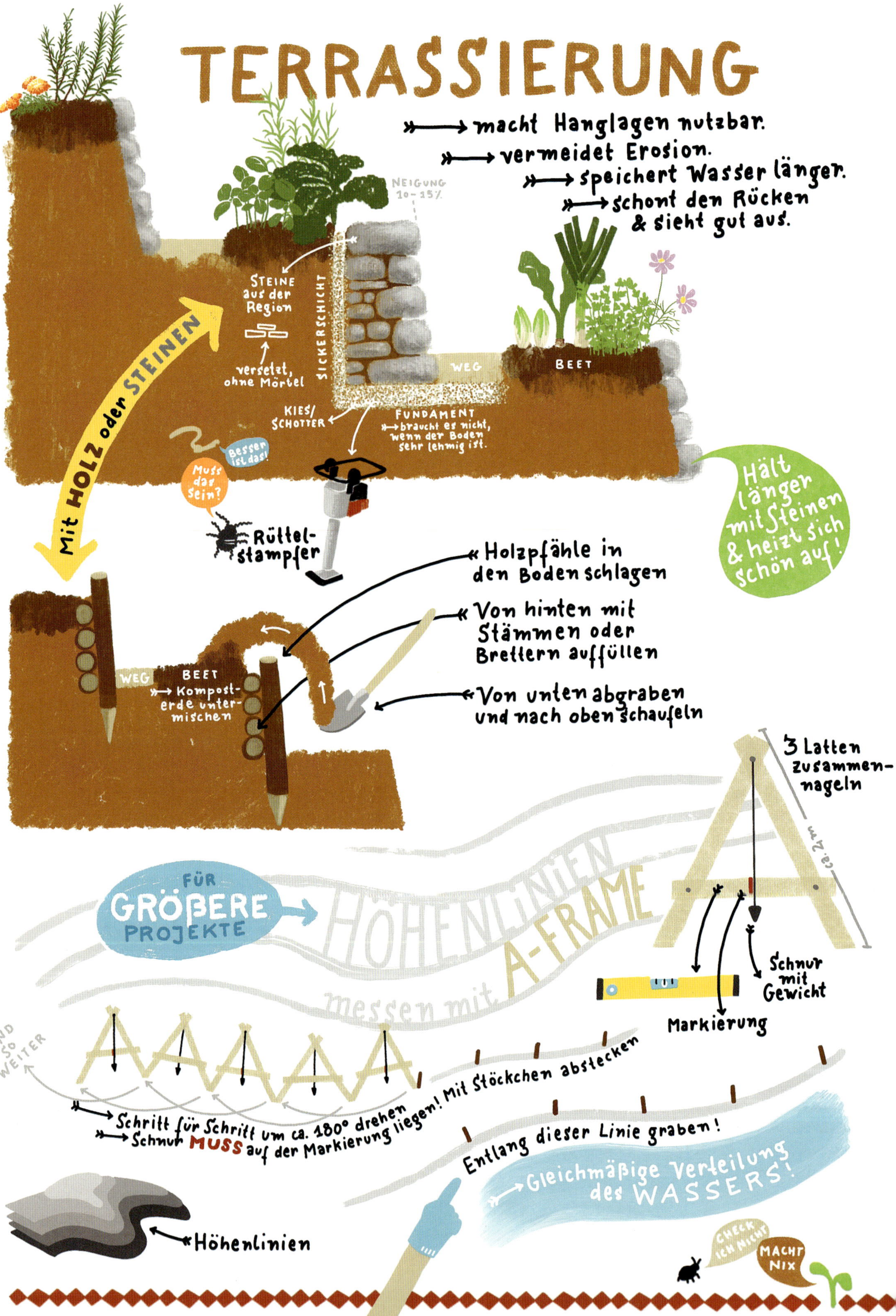

Wasser länger auf der FLÄCHE halten!
SWALES
(Gräben)
60-80cm
Auch hier nach Höhenlinien anlegen
Besonders geeignet in heißen & trockenen Gegenden

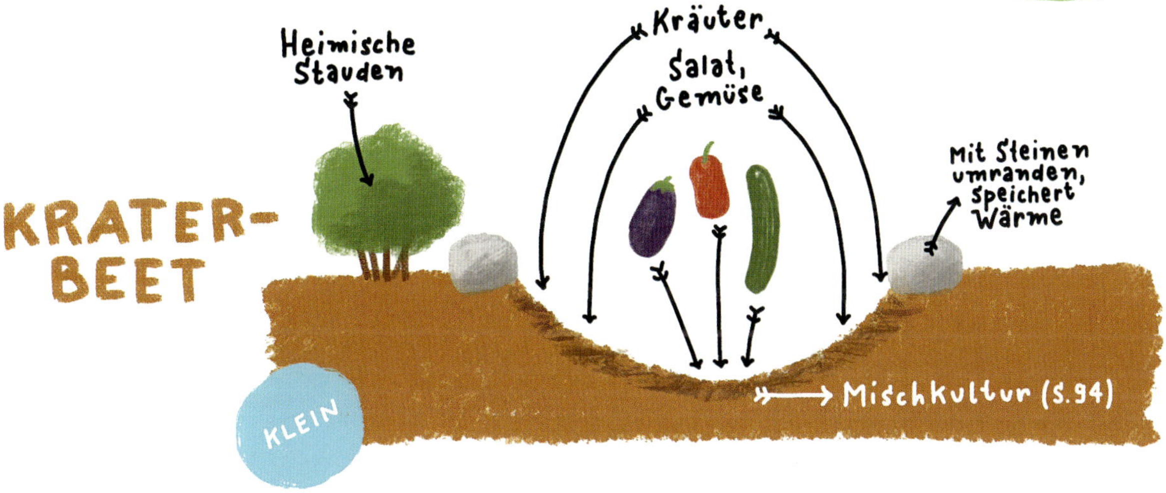
KRATER-BEET
Heimische Stauden
Kräuter
Salat, Gemüse
Mit Steinen umranden, speichert Wärme
Mischkultur (S. 94)
KLEIN

N
S
GROß
1A MIKRO-KLIMA
Hier wachsen sogar Feigen, Zitronen & Kiwis.
...wenn's gut läuft.
windgeschützt
Reflektion der Sonne
Luft-feuchtigkeit
Speichert Wärme
Terrassen
VON OBEN

BEETFORMEN

KOMPOST-BEET

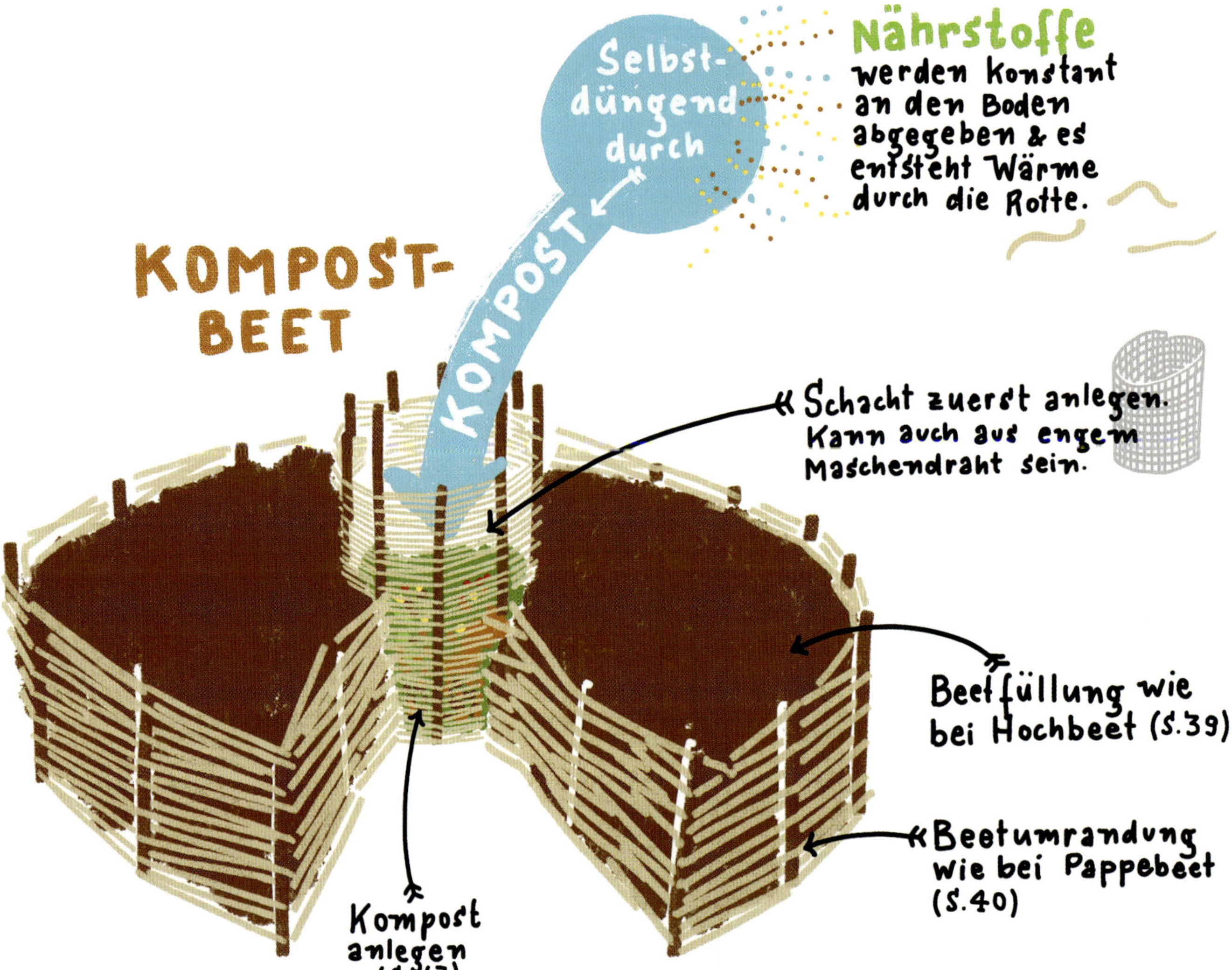

SONNENFALLE

→ VON SÜD NACH NORD ANLEGEN

→ Bäume & Sträucher, am besten essbar. Obstbäume & Beeren, z.B. Apfel, Kirsche, * ~~Walnuss~~, Holunder, Johannisbeere, Schlehe, Stachelbeere, Mirabelle etc.

Waldgarten (S.30)

→ Besonders geeignet für empfindliche Gemüsepflanzen wie

* Walnuss steht lieber alleine. Blätter & Wurzeln scheiden keimhemmende Stoffe (Juglon) aus.

→ Nach Süden abfallende Mauer. Gut geeignet sind Dachziegel oder Ziegelsteine, weil dunkel & warm.

MANDALA-BEET

→ Mit langer Schnur abmessen & anlegen

Sehr aufwendig, lohnt sich aber.

→ Beetumrandung wie bei Pappebeet (S.40)

* In die Mitte kann z.B. eine Kräuterspirale oder eine Regentonne gesetzt werden.

HÜGELBEET

SONNENLAUF
Stetige Versorgung mit Nährstoffen & Wärme durch Verrottung
NORDEN
SÜDEN
5-8° wärmer als normale Beete
JAHR 1 Stark-zehrer
JAHR 2 Mittel-zehrer
JAHR 3 Schwach-zehrer
Zehrer (S. 92)
AUSHUB
20-30 cm
AUSHEBEN
Länge nach Belieben
max 1,2 m
Am besten im HERBST anlegen, weil das Material vorhanden ist und das Beet sich bis zum FRÜHJAHR setzen kann.
Wichtig: Mulchen (S. 70) oder Gründüngung (S. 72) sähen.
AUFFÜLLEN
Rinne zum Bewässern
Feinkompost & Erde
Aushub
Stallmist und/oder Rohkompost
Rasenschnitt und grünes Schnittgut
Laub oder Stroh
Gras-soden 180° falls vorhanden
Äste, Baum- und Strauchschnitt
Drahtgitter
20 cm
30 cm
30-40 cm
15 cm
Abschluss:
Holzstämme
oder
Steine

HOCHBEET

Rückenschonend
Kaum Unkraut
Wenig Schnecken
Geht auch ohne Garten
Erwärmt sich schnell …
… plus Verrottungswärme
Viele Formen möglich

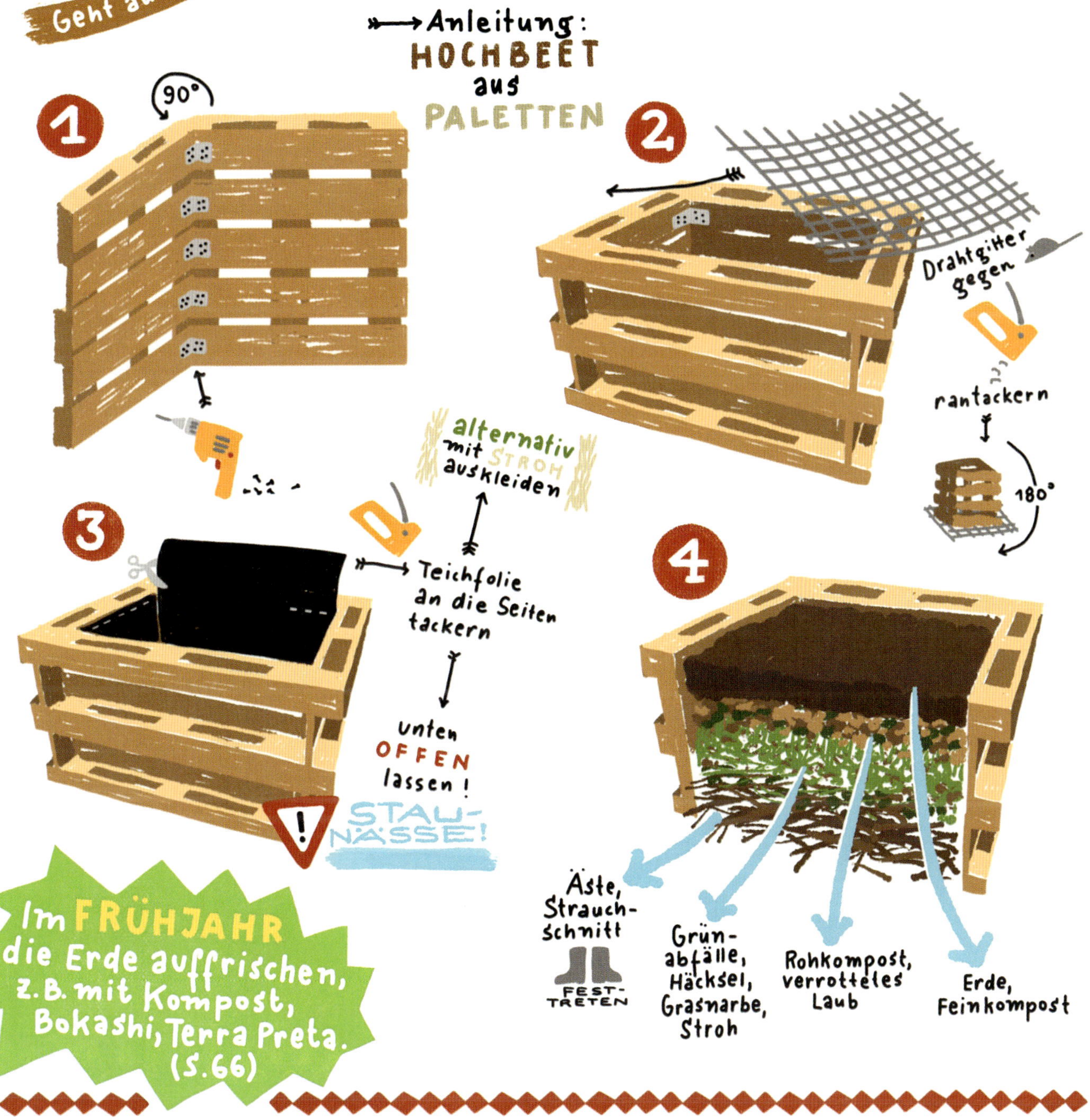

Anleitung:
HOCHBEET
aus
PALETTEN
1
90°
2
Drahtgitter gegen
rantackern
180°
3
alternativ mit STROH auskleiden
Teichfolie an die Seiten tackern
unten OFFEN lassen!
STAU-NÄSSE!
4
Äste, Strauch-schnitt
FEST-TRETEN
Grün-abfälle, Häcksel, Grasnarbe, Stroh
Rohkompost, verrottetes Laub
Erde, Feinkompost
Im FRÜHJAHR die Erde auffrischen, z.B. mit Kompost, Bokashi, Terra Preta. (S.66)

PAPPE BEET

→ Einfachste & schnellste Art, ein Beet anzulegen
20–30 cm
20 cm
Beetgröße abstecken
Kann direkt auf Rasen
Umrandung mit z.B. Brettern, Weiden, Steinen, Baumstämmen...
1
wässern
2
unbedruckt
alternativ: Kokosmatte
Beetfläche komplett mit Pappe abdecken. Ränder überlappen lassen
3
→ Mit Komposterde auffüllen. Im Herbst kann auch Mist, Grobkompost oder Bokashi untergemischt werden.
KOMPOST in größeren Mengen gibt es bei Grüngutannahmestellen oder Recyclinghöfen der Gemeinde.
Kann direkt bepflanzt werden! Im Herbst mulchen oder Gründüngung säen (S.72)

MULCHBEET

Besonders für große Flächen geeignet
MULCH
DIREKT
auf ungemähte Wiese schichten
wenn zu trocken, vorher wässern
STROH
HEU
HÄCKSEL
MIST
LAUB, GRÜNSCHNITT
KOMPOST
Was vorhanden oder einfach zu beschaffen ist.
FÜR GLEICH:
Kartoffel-Trick
Vorgekeimte Kartoffeln setzen (am besten Ende April).
wichtig
DICK
40–60 cm
Im Folgejahr ist der Boden humos & kann bepflanzt werden.

HECKEN

- erhöhen die Artenvielfalt.
- schützen vor Wind.
- bieten Sichtschutz & Arealbegrenzung.
- sind ein **WICHTIGER** Baustein im natürlichen Kreislauf.

...und noch viele, viele, viele mehr!

IDEAL → Mischung aus laubabwerfendem & immergrünem Gehölz → **GROẞE Hecke:**

80:20

Eberesche, Erle, Faulbaum, Felsenbirne, Hainbuche, Holunder, Lärche, Sanddorn, Schlehe, Schneeball, Weide, Weißdorn...

Berberitze, Buchsbaum, Eibe, Kirschlorbeer, Liguster, Stechpalme, Wacholder...

10-15 Pflanzen, Abstand je nach endgültiger Größe der Pflanzen ca. 1-2 m. Am Anfang Stauden in die Lücken setzen

Lückenbüßer

Alle 2-3 Jahre sanfter Rückschnitt, aber nur zwischen Oktober & März

→ Heckensaum regelmäßig mähen

Zum **BODEN** passende, regionale Gehölze auswählen & beim **PFLANZEN** auf genug **AB**—**STAND** achten! Und dann Geduld, Geduld, Geduld...

Was wächst in der GEGEND?

Stecklinge mitnehmen (S. 108)

KLEINE ESSBARE Hecke: 5-8 Pflanzen

Rückschnitt (S. 113)

Totholzhecke

oder auch

Benjeshecke

ZÄUNE

Wildsträucherzaun

lebend

→ Geeignete Sträucher: Brombeere, Feldahorn, Hasel, Hagebutte, Liguster, Weide

So ordentlich sieht es nur gezeichnet aus.

Flechtzaun

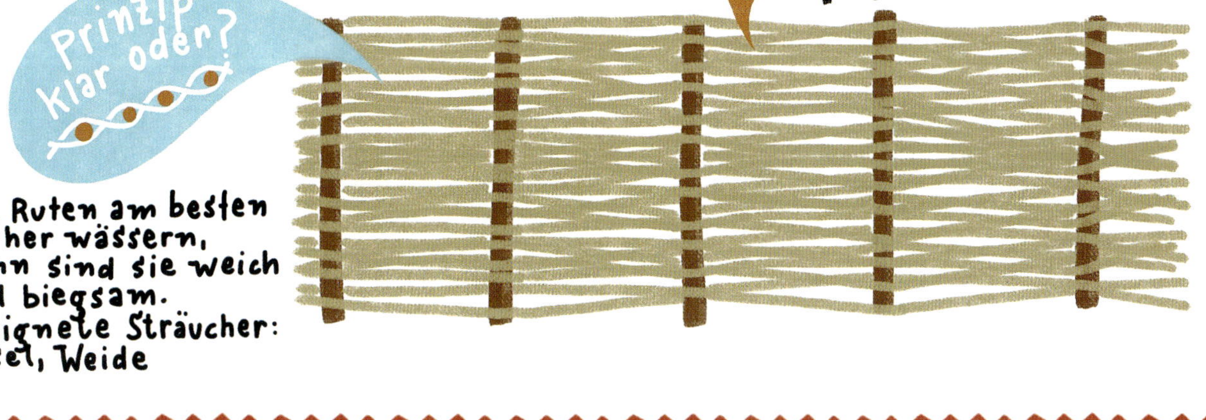

→ Die Ruten am besten vorher wässern, dann sind sie weich und biegsam.
Geeignete Sträucher: Hasel, Weide

TÜMPEL & TEICHE

- Lebensraum für viele Tiere & Pflanzen
- Auffangen & Speichern von Regenwasser
- Luftfeuchtigkeit verbessert Mikroklima

PLANUNG

WO?

→ Fläche sollte zu 1/3 im Schatten liegen.
Weniger Algen & Verdunstung

→ Sinnvoll ist die tiefste Stelle auf dem Gelände, dort wo sich bei Regen Pfützen bilden.

WIE GROß & TIEF?

Vor allem für TÜMPEL

... sind kleiner als Teiche, z.B. nur 1 × 1 m und ca. 30 – 50 cm tief.

SKIZZE machen!

→ Nähe zu einem Dach mit Ablauf stabilisiert den Wasserpegel.

→ so z.B.

→ Mehr zu Wasserkreislaufsystemen auf S.120

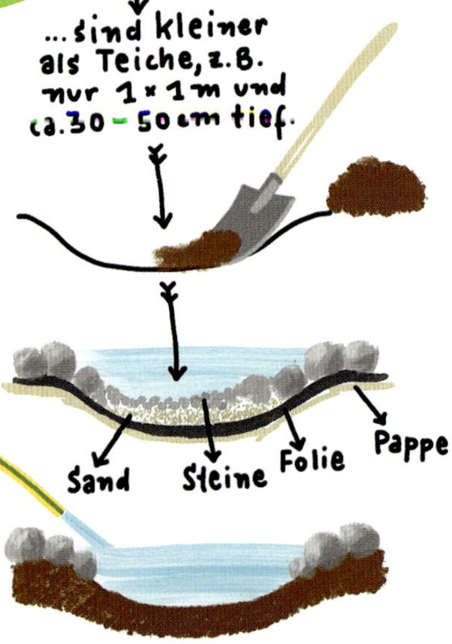

→ Bei lehmigem Boden genügt festtreten.

→ Regelmäßig Wasserstand prüfen und ggf. nachfüllen.

Nicht rund oder gar eckig planen

VIEL Arbeit, aber dafür nur 1×

1 → Mit Gartenschlauch oder Schnur Form & Größe auslegen

2 

… graben, graben, graben, graben, graben …

→ Größere Steine schon mal zur Seite legen

3 FOLIE (leider Plastik) — LEHM

→ 30 cm tiefer graben

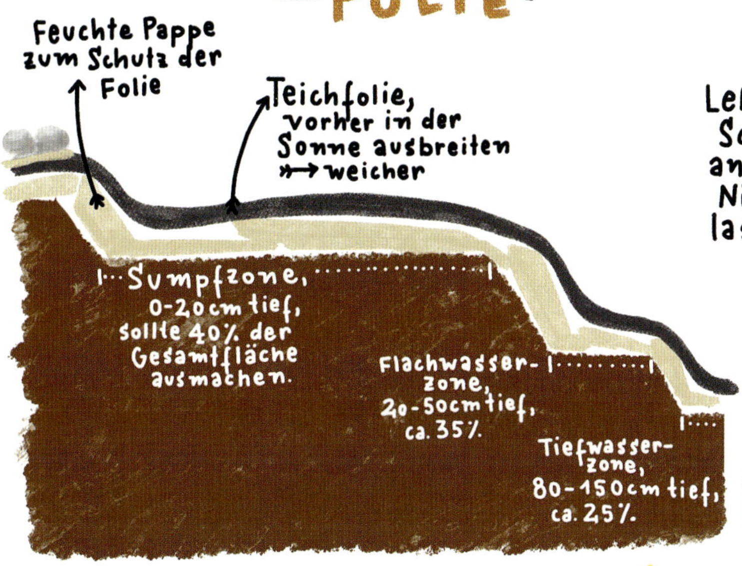

4 → Aushub vom Oberboden wieder einfüllen, ca. 10 cm dick

→ Auffüllen, am besten mit Regenwasser

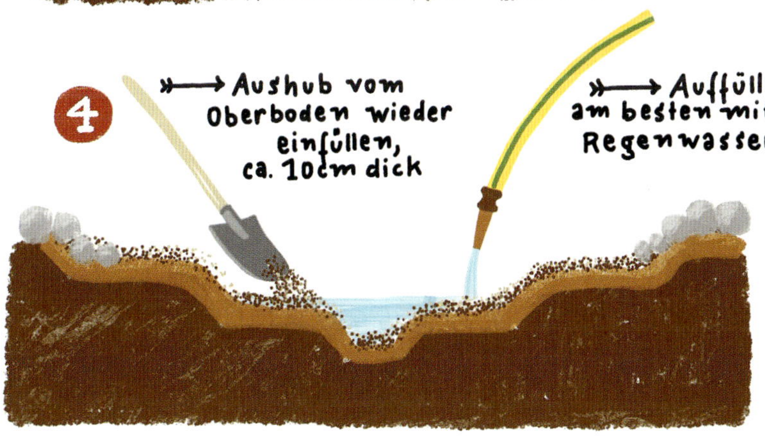

5 → 2–3 Kanister Wasser aus einem Naturteich der Umgebung dazugießen. Mikroorganismen besiedeln das Ökosystem und kurbeln es an.

6 → Nach 2–3 Wochen bepflanzen (regional)

SUMPF	FLACHWASSER	TIEFWASSER
Binse	Hornkraut	Schwimmfarn
Froschlöffel	Froschbiss	Seekanne
Rohrkolben	Igelkolben	Seerose
Segge	Laichkraut	Tausendblatt
Sumpfdotterblume	Nadelsimse	Wassernuss
Wasserminze	Schwanenblume	Wassersalat
Geißbart	Wasserlinse	
Wollgras	Wasserpest	

TIPPS

→ Vor Verlandung schützen und alle 2–3 Jahre Pflanzen ausdünnen. Droht das Wasser zu kippen, 80 % entnehmen & zum Gießen verwenden. Neu auffüllen. Herabfallendes Laub entzieht dem Wasser Sauerstoff.

TIERE ANLOCKEN

→ Lebensraum & Rückzugsmöglichkeit für Helfer schaffen

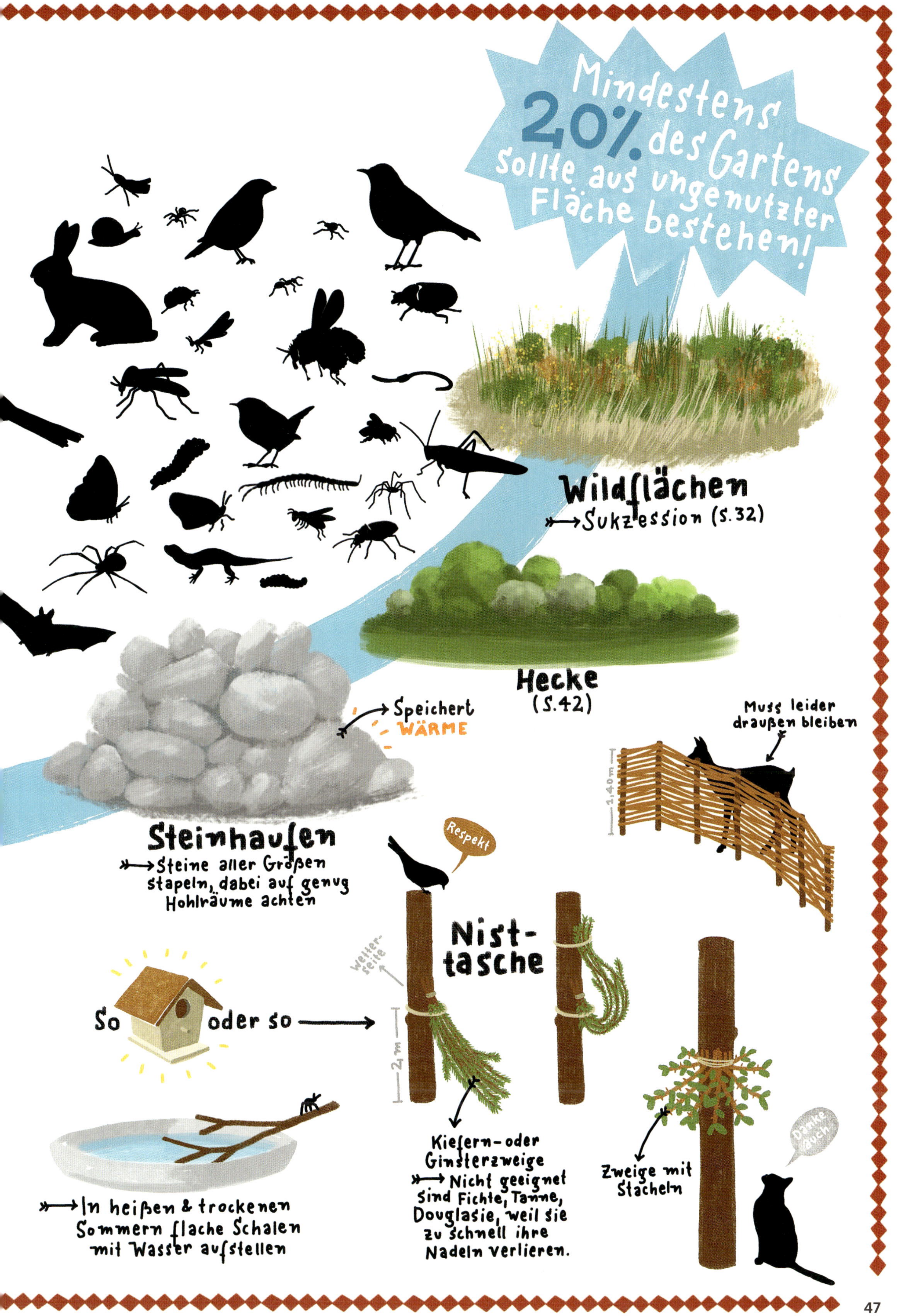
Mindestens 20% des Gartens sollte aus ungenutzter Fläche bestehen!
Wildflächen
→ Sukzession (S.32)
Hecke
(S.42)
Speichert WÄRME
Muss leider draußen bleiben
1,40 m
Steinhaufen
→ Steine aller Größen stapeln, dabei auf genug Hohlräume achten
Respekt
Nist-tasche
Wetterseite
So oder so →
2 m
Kiefern- oder Ginsterzweige
→ Nicht geeignet sind Fichte, Tanne, Douglasie, weil sie zu schnell ihre Nadeln verlieren.
Zweige mit Stacheln
Danke auch
→ In heißen & trockenen Sommern flache Schalen mit Wasser aufstellen

TIERHALTUNG

...erfordert viel Zuwendung & Hingabe. Tiere wesensgerecht halten!

HÜHNER...

...sind sehr nützlich!

...legen Eier.

...liefern Dünger & Federn.

... fressen Schadinsekten.

...belüften den Boden durch Scharren.

MOBILER Hühnerstall

Chicken Tractor

Stall kann rotieren!

Ideal zur Beetvorbereitung!

Viel weniger Schädlinge!

Viele FORMEN & GRÖßEN möglich! Alte Bauwägen oder Schäferkarren lassen sich gut umfunktionieren.

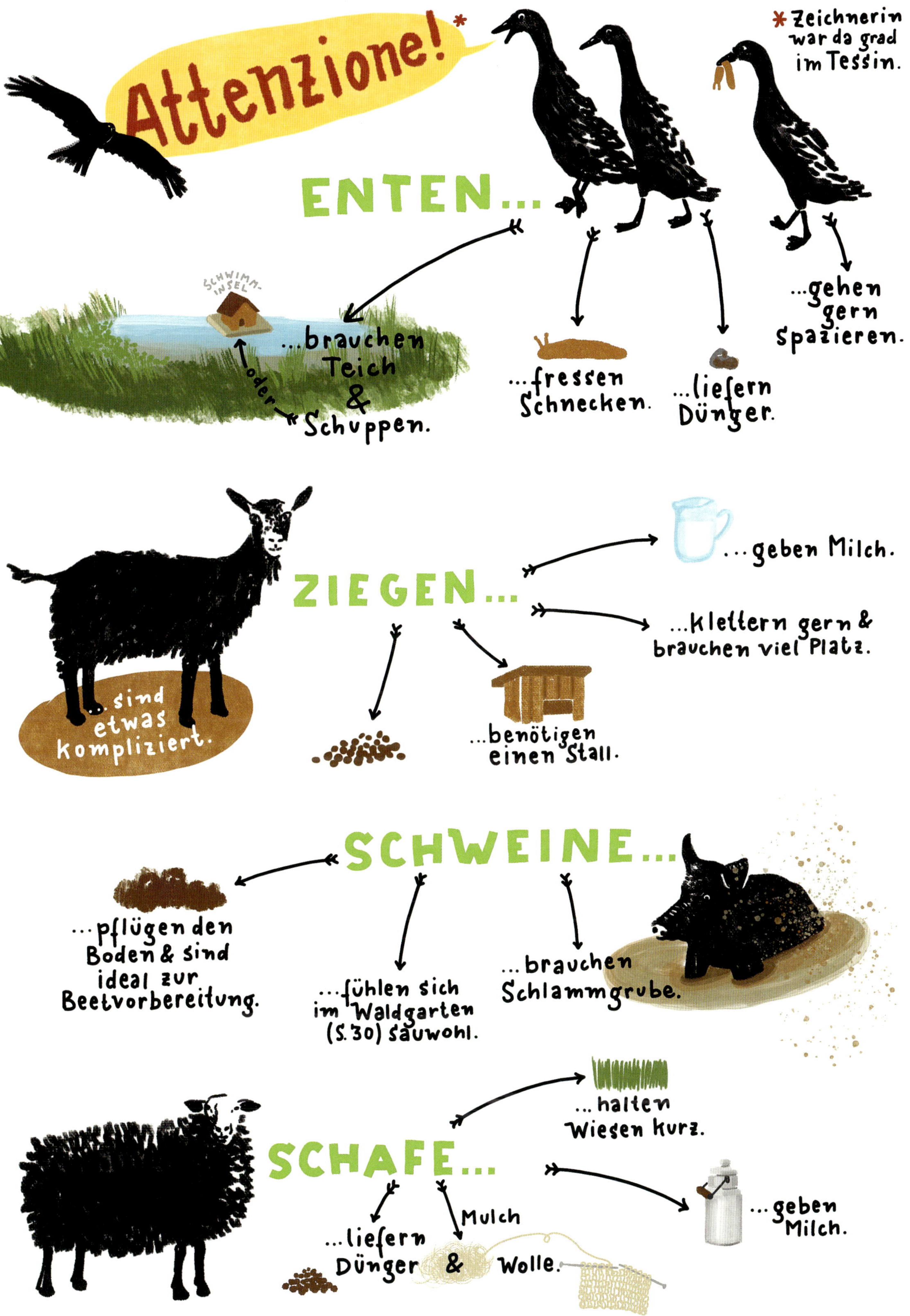
Attenzione!*
* Zeichnerin war da grad im Tessin.
ENTEN...
SCHWIMM-INSEL
...brauchen Teich & Schuppen.
oder
...fressen Schnecken.
...liefern Dünger.
...gehen gern spazieren.
ZIEGEN...
...geben Milch.
...klettern gern & brauchen viel Platz.
...sind etwas kompliziert.
...benötigen einen Stall.
SCHWEINE...
...pflügen den Boden & sind ideal zur Beetvorbereitung.
...fühlen sich im Waldgarten (S. 30) sauwohl.
...brauchen Schlammgrube.
SCHAFE...
...halten Wiesen kurz.
...geben Milch.
...liefern Dünger & Wolle.
Mulch

GEWÄCHSHÄUSER

Gebraucht kaufen oder selber bauen

...z.B. aus alten Fenstern

Ohne Fundament → Anbau wie im Freiland. Boden jährlich auffrischen

Mit Fundament → In Kübeln und Hochbeeten (S. 39) anpflanzen

STANDORT

- → Windgeschützt
- → Sonnig
- → Nah am Haus in Zone 1 (S. 23)
- → Nähe zu einem Teich ist vorteilhaft.

SOMMER

- → Nicht überhitzen lassen. Ideal 15–24 °C
- → Für Durchlüftung sorgen. Klappen, Fenster, Türen auf!

Bestäuber reinlassen!

lüften, lüften, lüften

- → Zu hohe Luftfeuchtigkeit begünstigt Pilzbefall!
- → Eimer mit Wasser aufstellen senkt die Temperatur.
- → Einzelne Fenster ggf. abdecken, z.B. mit Pappe

WINTER

Aufwärmen mit: Solarheizung, Kompostbox oder, etwas aufwendiger, mit Mini-Biomeiler

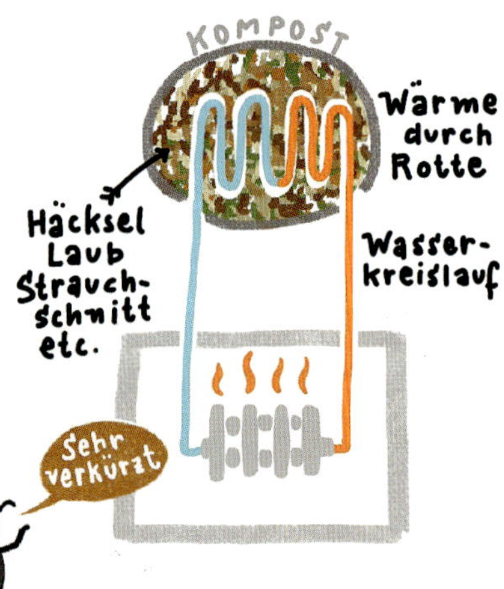

Haus oder Stall
Wärme durch Wand
ANLEHN-GEWÄCHSHAUS
Glas oder Plexiglas isoliert besser als Polycarbonat & ist UV-beständiger.
Eignet sich im WINTER auch gut zur LAGERUNG von GEMÜSE, z. B. Kartoffeln
Bodenwärme wird genutzt
Boden ist ab ca. 1m Tiefe nie gefroren.
ERDGEWÄCHSHAUS
oder WALIPINI, kommt aus den Anden
Krainerwand
TOP als Aufsatz für ein HOCHBEET
FRÜHBEET
Befüllen
Wenn zu warm, Klappe auf!
Aushuberde mit Kompost
Pferdemist erwärmt den Boden.
Untergrund auflockern & gegen Staunässe Kies oder Sand untermischen
Und das Foliengewächshaus?
Geht auch, ist aber so viel Plastik!

AGROFORST

Kombination aus Landwirtschaft & Forstwirtschaft

Stichwort: AGRAR-WENDE!

alternativlos

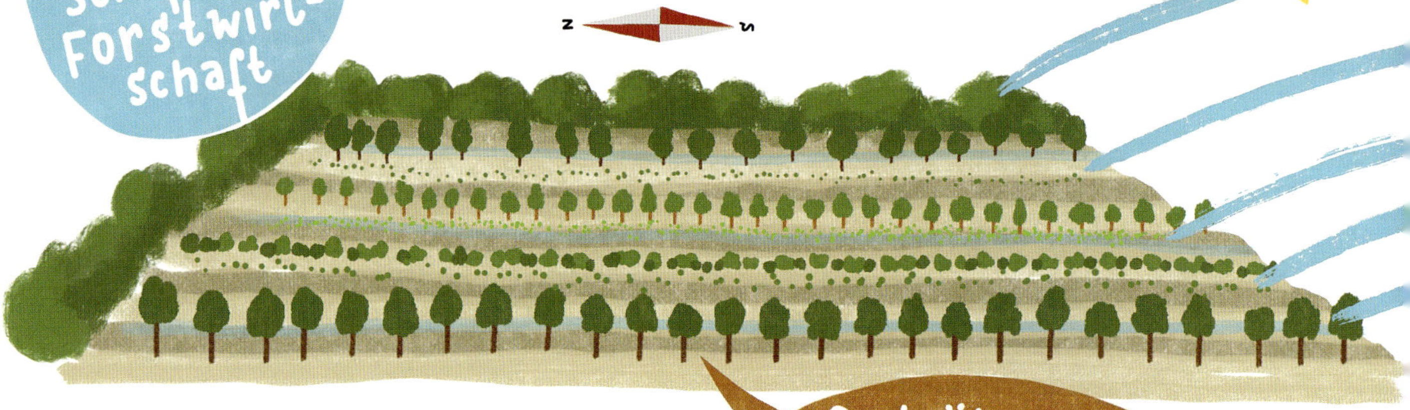

Gehölze stehen zusammen mit Feldfrüchten auf einem Feld und es kommt zu positiven Synergieeffekten.

- Verbesserter Wasserhaushalt
- Kaum Erosion
- Hohe Artenvielfalt
- Hohe CO_2-Bindung (Danke)
- Langfristig hohe Erträge (2026, 2031, 2038, 2045, 2050)

TIERE können viele nützliche Pflegefunktionen übernehmen. Sie belüften den Boden, halten Gras & Beikräuter im Zaum & liefern Dünger!

ABER ...zur richtigen Zeit am richtigen Ort!

Eine gute **PLANUNG** ist hier besonders **WICHTIG!** Das System soll über Jahrzehnte funktionieren.

Professionelle **HILFE** holen!

AGROFORST-BERATER*INNEN

ZUM BEISPIEL:

- Hecken brechen Ostwinde & erhöhen die Biodiversität.
- Getreide
- Niedrige Gehölze, z. B. Beeren
- Gemüse
- Obst- und Nussbäume

DAZWISCHEN:

- Bewässerungssysteme wie Gräben oder Tümpel
- Blühstreifen, um Bestäuber anzulocken
- Gründüngung & Gras liefert Mulchmaterial
- Wege

Klaro, alles eine Frage der PLANUNG!

BÄUME

- beschleunigen Stoffkreisläufe.
- holen Wasser aus den tiefen Schichten.
- sorgen für ein besseres Kleinklima.
- spenden Schatten.
- liefern Holz.

Vorreiter der Permakultur & Begründer der »Nichts-Tun-Landwirtschaft«. Hat die Seedbombs erfunden.

Bauer & Mikrobiologe aus Japan

MASANOBU FUKUOKA

Eine seiner Methoden:

RESSOURCEN

SONNE
WIND
WASSER
ERDWÄRME
ERNEUERBARE
nutzen!
Wärme speichern!
Im Kleinen nicht so effizient
Wasser sammeln!
Erdgewächshaus (S. 51)
Die beste ENERGIE ist die, die erst gar nicht verbraucht wird!
Solarthermie, Photovoltaik
ABER FRAGE:
Wie viel ENERGIE steckt in der Herstellung?
Besser GEBRAUCHT anschaffen!
NICHT ERNEUERBARE
weglassen!
wo es geht
Erdöl
Kohle
Erdgas
Holz
Erze
Edelmetalle
Sand
Wie lange hat der BAUM gebraucht?
Wie lange hält der TISCH?
Aber hier geht's doch auf...
Stimmt, schlechtes Beispiel
Verbrauch übersteigt Regeneration!

Refuse, reduce, reuse, repair, recycle!

Community
Freunde, Bekannte, Nachbarn, Interessierte

PERMA BLITZ

Mehrere Helfer kommen für einen Tag zusammen & arbeiten an einem Projekt, das dann blitzschnell realisiert wird.

Nachbarn
haben oft Sachen, die man gebrauchen kann oder Überschüssiges wie: Grünschnitt, Laub, Kompost, Obst, Tipps.

Noch mehr RESSOURCEN!

Kompost
Bei der Stadt- oder Gemeindeverwaltung fragen. Bauernhöfe verkaufen auch manchmal Kompost. Auf Bio-Standards achten!

Beim örtlichen Forstamt einen Holzsammelschein beantragen. Holz, das im Wald am Boden liegt, darf mitgenommen werden.

Material
In Baufirmen, Ziegeleien, Recyclinghöfen etc. nach Resten fragen. Auf Baustellen bekommt man auch manchmal was geschenkt.

und da

Jeder ABFALL ist eine ungenutzte RESSOURCE!

Pferde- und Bauernhöfe
Pferdemist bekommt man in fast jedem Pferdestall, anderen Mist oder Schafwolle in einer Schäferei oder vom Bauernhof.

IN DER STADT

Urban Gardening

Gemeinschaftsgärten

- Orte der Teilhabe & Vielfalt
- Gemüse ohne Transportwege
- Belebung des öffentlichen Raums
- Ressourcenschonend & nachhaltig

...auf Brachflächen,

Mitmachen? Adressen: S. 131

...Dächern,

...Grünstreifen

Die STADT ist unser GARTEN!

Entstehung der Community Gardens in New York an der Lower East Side in den 1970er-Jahren. Die Bewegung nannte sich Green Guerillas.

Seit Anfang der 1990er-Jahre fördert Kuba die »agricultura urbana«. Es entstanden die Organopónicos, die bis heute einen Großteil der Bevölkerung mit Obst & Gemüse versorgen.

Heimliche Aussaat von Pflanzen!
Guerilla Gardening
Protest gegen Bebauung von Grünflächen, Umwelt- und Agrarpolitik. Ist illegal, wird aber von den Behörden meist geduldet.
Verhaften Sie mich doch!
SEEDBOMBS
1 EL Samen
bisschen Wasser
5 EL Erde & 5 EL Ton- oder Lehmpulver
knet, knet, knet…
…ein paar Tage trocknen lassen & werfen!
Solawi
Solidarische Landwirtschaft
Mithelfen kann man auch!
Wöchentlicher Ernteanteil
Mitglieder bekommen frisches BIO-GEMÜSE!
Monatlicher Beitrag
Landwirte sind UNABHÄNGIG vom Markt & können planungssicher arbeiten!
Regional
Landwirtschaftlicher Betrieb
Solawi in der Nähe? (S.131)

BODEN

BODEN

IST ÄHNLICH DEM MENSCHLICHEN

In einer Erde können sich bis zu 10 Mrd. Lebewesen tummeln!

→ ORGANISMEN arbeiten gern im DUNKELN

KEINE → NACKTEN → BÖDEN!

Kennt die Natur nicht!

MULCHEN! MULCHEN! MULCHEN!

→ Macht die Natur auch!

z.B. mit:

- Stroh → Gut
- Grasschnitt → Vorher antrocknen lassen, kann sonst faulen
- Laub → Nicht zu viel, weil sauer
- Häcksel → Ideal

Am besten mischen

→ mehr auf S.70

WIE IST MEIN BODEN?

→ **LEHMBODEN**
Dunkelbraune Struktur, meist fruchtbar, enthält viel organisches Material.

→ **SANDBODEN**
Sehr wasserdurchlässig, enthält wenig organisches Material, kühlt schnell ab bzw. heizt sich schnell auf.

→ **TONBODEN**
Feine Teilchen, die sich stark verdichten, reißt bei Trockenheit auf, undurchlässig.

GEFAHREN!

→ Erosion
→ Verdichtung
→ Versalzung

→ KING
Regenwurm

AUFBAU

→ Die Bezeichnung des Bodens richtet sich nach der KORNGRÖẞE

TON – bis 0,002 mm

SCHLUFF – bis 0,06 mm

SAND – bis 2 mm

KIES – bis 60 mm

LEHM (ideal) – Mischung aus TON, SCHLUFF, SAND

HUMUS

…entsteht aus toter pflanzlicher oder tierischer Materie, die durch Bodenorganismen in organische Substanz umgewandelt wurde. Er schützt den Boden und versorgt die Pflanzen mit Nährstoffen.

JEDER BODEN kann verbessert werden!

Krümel is King!

What?

Eine ideale Krümelstruktur entsteht durch Bodenlebewesen, Bewurzelung, Hacken & Frost. Die Krümelbeständigkeit nennt man Bodengare.

optimal: 30 % Hohlräume

- Zur Bewurzelung die dem Boden zuträgliche Gründüngung säen (S. 72)
- Oberfläche regelmäßig auflockern … nur 5–7 cm!
- Sprengt grobe Bodenpartikel auf. Vor allem bei schweren Böden sinnvoll – FROST

DER WURM

Keine Nase, Keine Ohren, Keine Augen
trotzdem King!
Lumbricus terrestris
SCHICKER GÜRTEL
Gemeiner Regenwurm
→ kommt von REGER Wurm, weil er so fleißig ist. Nicht von Regen.
Würmer ziehen organische Stoffe in die Erde. Sie lüften, lockern, mischen & düngen den Boden!
12–30 cm lang
CHEF-SACHE!
KOT = Dünger
HINTEN
→ schafft bis zu 5m in der Stunde
Eisenia fetida
Kompostwurm oder Mistwurm
→ verwertet gerne stark verottendes organisches Material. Ideal für die Wurmkiste
5–10 cm lang
Dendrobaena veneta
8–10 cm lang
→ hat 5 Herzen und 6 Nieren
Riesen-Rotwurm
→ auch zum Angeln geeignet, weil er nicht stinkt.
Mehr als 3000 Wurmarten weltweit!
Apfelsaft + Essig + Schuss Spüli
→ Fruchtfliegenfalle

WURMKISTE

= LEBEWESEN
= VERANTWORTUNG

- Produziert fruchtbare Erde
- Gut für den kleinen Garten oder Balkon
- Auch für Indoor geeignet

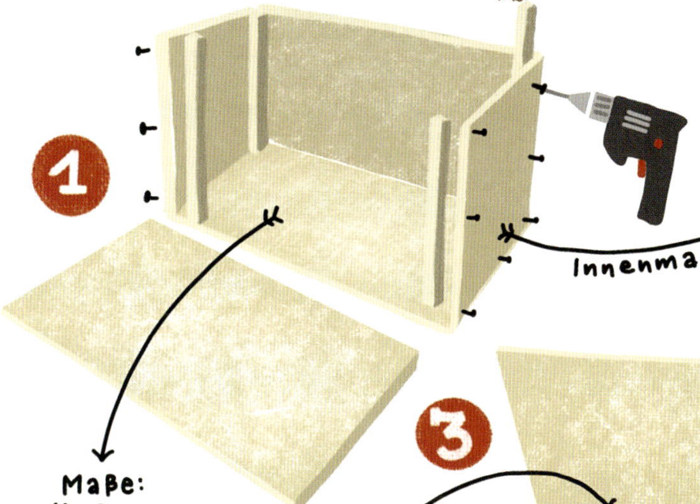

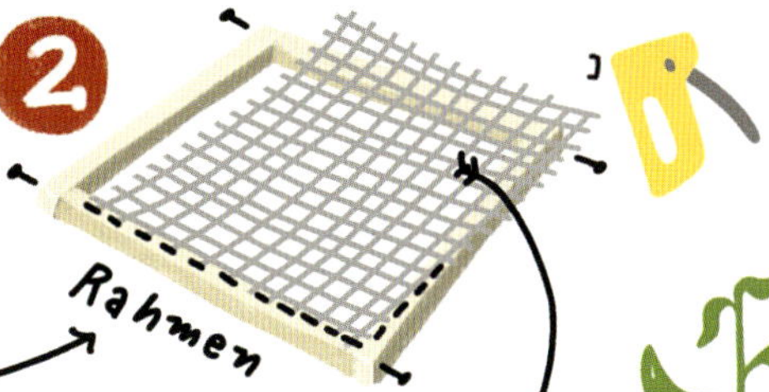

Kaninchendraht (Maschenweite 1×1 cm) festtackern

Maße:
Breite 80 cm
Tiefe 40 cm
Höhe 40 cm

Gute Größe

… und bitte unbehandeltes Holz verwenden

STANDORT:
Schattig, ideal 15–25 °C

- Wenn die eine Seite befüllt ist, mit der anderen beginnen. Sobald das Material zersetzt ist, wandern die Würmer ab und der Humus kann entnommen werden. Dauer ca. 2–3 Monate

4 BEFÜLLEN:

Erst nur eine Seite!

Wenn die Masse zu nass wird, mehr Pappe und Papier untermischen.

- Jutetasche o. Ä. (feucht)
- Organische Abfälle* wie bei Kompost (S. 67)
- Komposterde mit Sand
- Kompostwürmer – Im Fachhandel erhältlich (Oder Leute fragen)
- Zeitungspapier (kein Farbdruck) und unbedruckte Pappe. Kleinschneiden, in Wasser einweichen und ausquetschen. Ganz unten Eierkartons

Nach 2–3 Wochen haben sich die Würmer eingelebt. Nicht erschrecken. Es tummelt sich noch mehr darin …

Alle wichtig

* Aber keine Zitrusfrüchte, frischen Knoblauch, Brot und nichts Scharfes, Salziges und Gekochtes (außer Kartoffelschalen). Und alles kleinschneiden, dann geht es schneller.

… weil keine Zähne

- Regelmäßig pH-Wert testen, 5–7 ideal
- Ab und zu Mineralmix beifügen (im Fachhandel erhältlich)

BODENANALYSE

1 Schlämmprobe

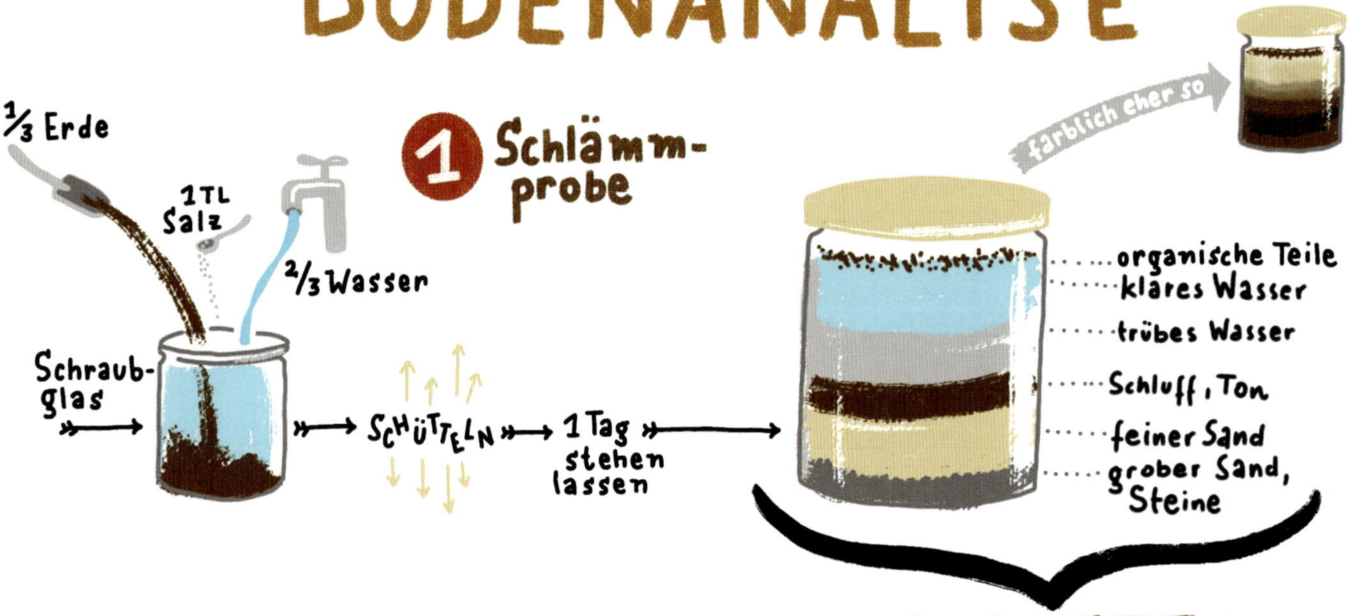

→ Die **DICKSTE** Schicht ergibt den ersten Namen.

→ Die Zweitdickste beschreibt die Bodenart näher.

hier: Sandiger Schluffboden

2 Fingerprobe

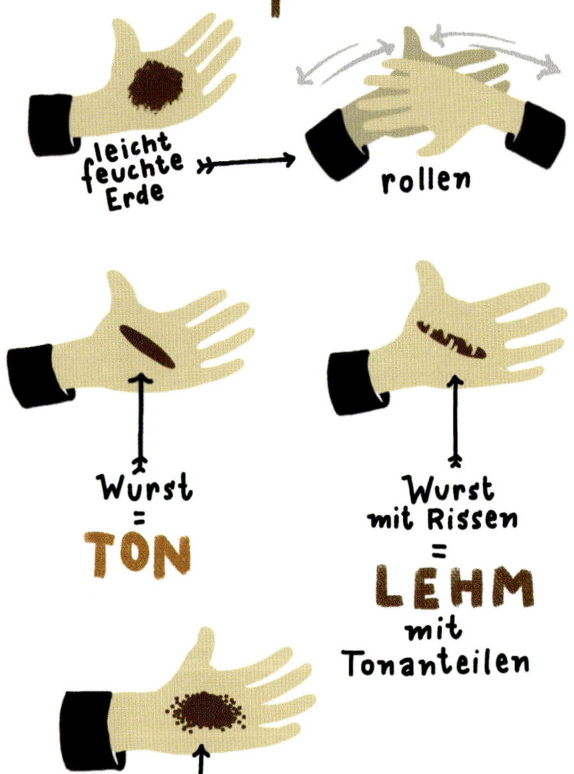

3 pH-Wert

→ Test im Fachhandel erhältlich

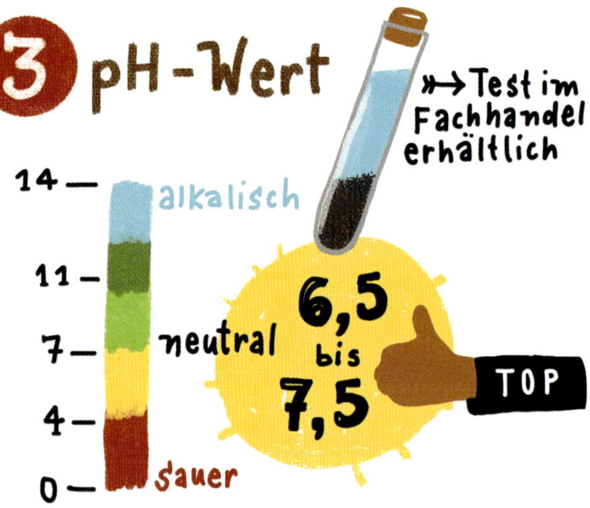

→ Der pH-Wert beeinflusst die Nährstoffaufnahme von Pflanzen.

→ Zu saure Böden behutsam aufkalken mit z.B. kohlensaurem Kalk, Algen oder Dolomitkalk.

... oder gezielt

4

Bodenprobe einschicken für detaillierte Analyse (S. 131)

ZEIGERPFLANZEN

→ Stickstoffreicher Boden

→ Verdichteter, zu Staunässe neigender Boden

→ Saurer, kalkarmer Boden

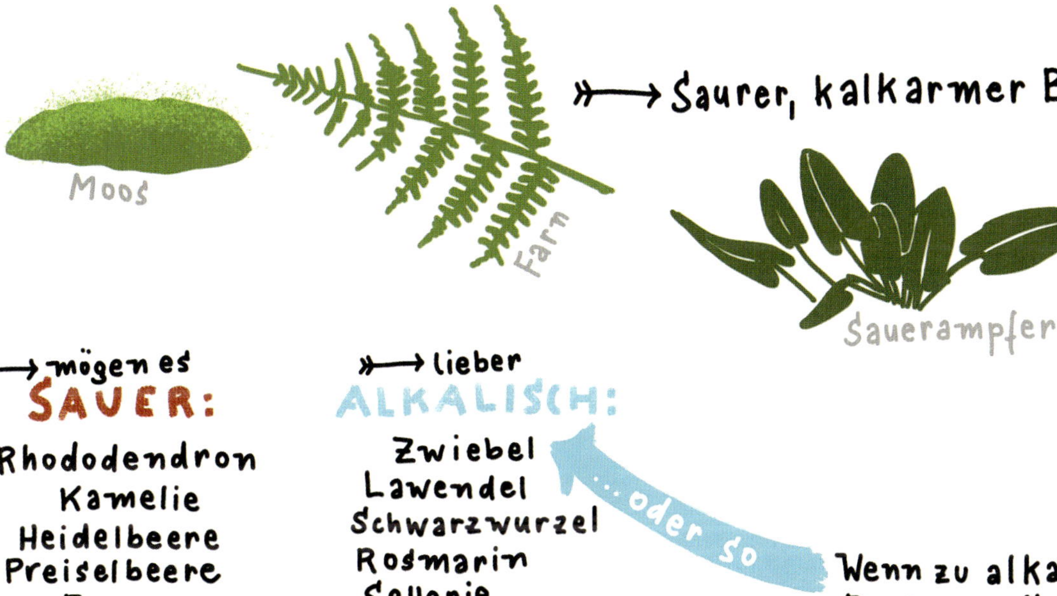

flanzen:

→ mögen es

SAUER:

Rhododendron
Kamelie
Heidelbeere
Preiselbeere
Farn
Chicorée
Kartoffeln
Mangold
Erdbeeren
Quitte
Birke u.v.m.

→ lieber

ALKALISCH:

Zwiebel
Lawendel
Schwarzwurzel
Rosmarin
Sellerie
Blumenkohl
Lauch
Feldsalat
Schwarzwurzel
fast alle Kräuter...

... oder so

Wenn zu alkalisch, Boden aufbessern mit Rindenmulch, Laubkompost, Nadelkompost oder Rhododendron-Erde

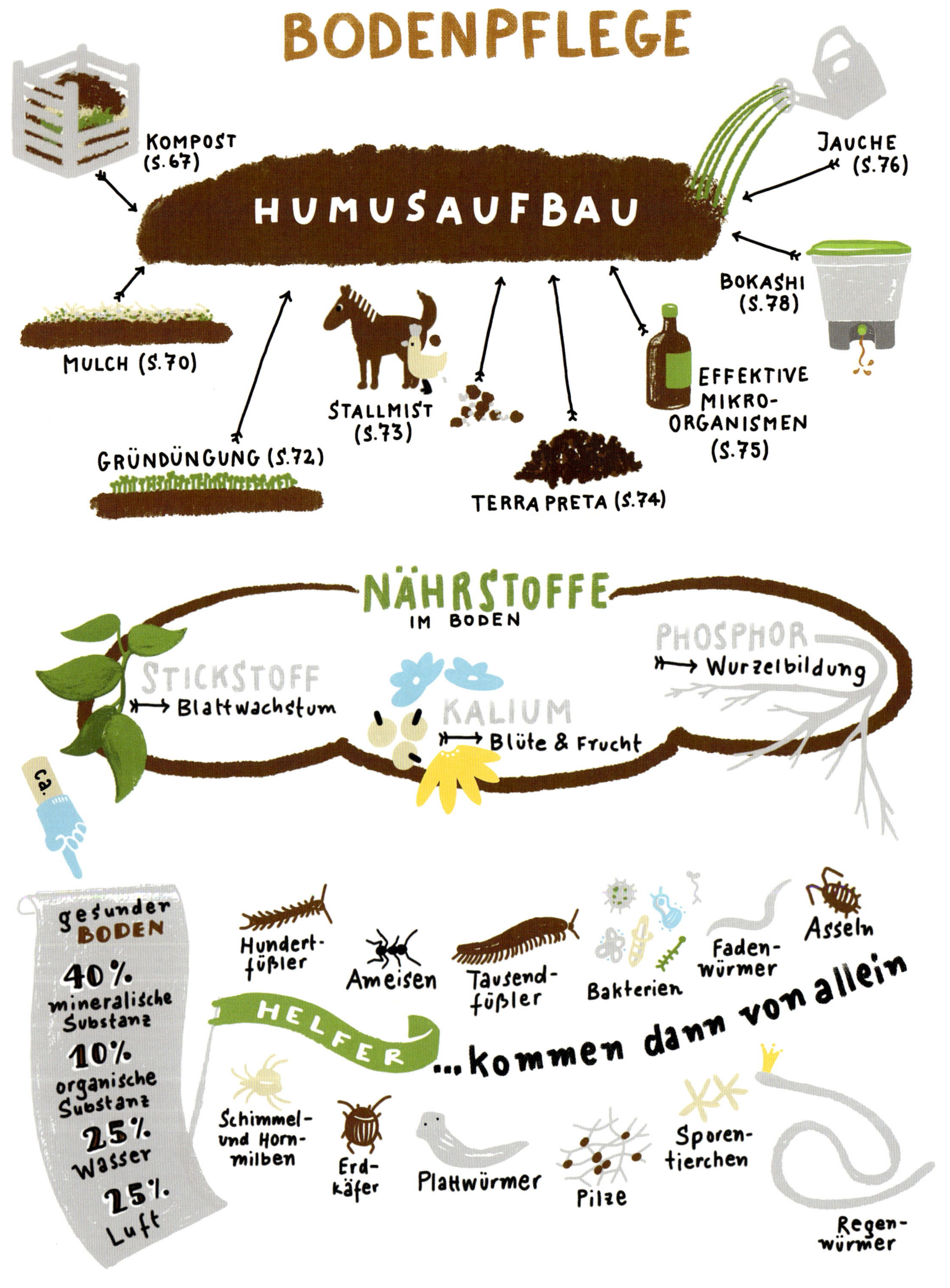
BODENPFLEGE
HUMUSAUFBAU
KOMPOST (S.67)
JAUCHE (S.76)
BOKASHI (S.78)
MULCH (S.70)
STALLMIST (S.73)
EFFEKTIVE MIKRO-ORGANISMEN (S.75)
GRÜNDÜNGUNG (S.72)
TERRA PRETA (S.74)
NÄHRSTOFFE IM BODEN
STICKSTOFF → Blattwachstum
KALIUM → Blüte & Frucht
PHOSPHOR → Wurzelbildung
ca.
gesunder BODEN
40% mineralische Substanz
10% organische Substanz
25% Wasser
25% Luft
Hundertfüßler
Ameisen
Tausendfüßler
Bakterien
Fadenwürmer
Asseln
HELFER ...kommen dann von allein
Schimmel- und Hornmilben
Erdkäfer
Plattwürmer
Pilze
Sporentierchen
Regenwürmer

SCHICHTKOMPOST

lat. compositum
= das Zusammengesetzte

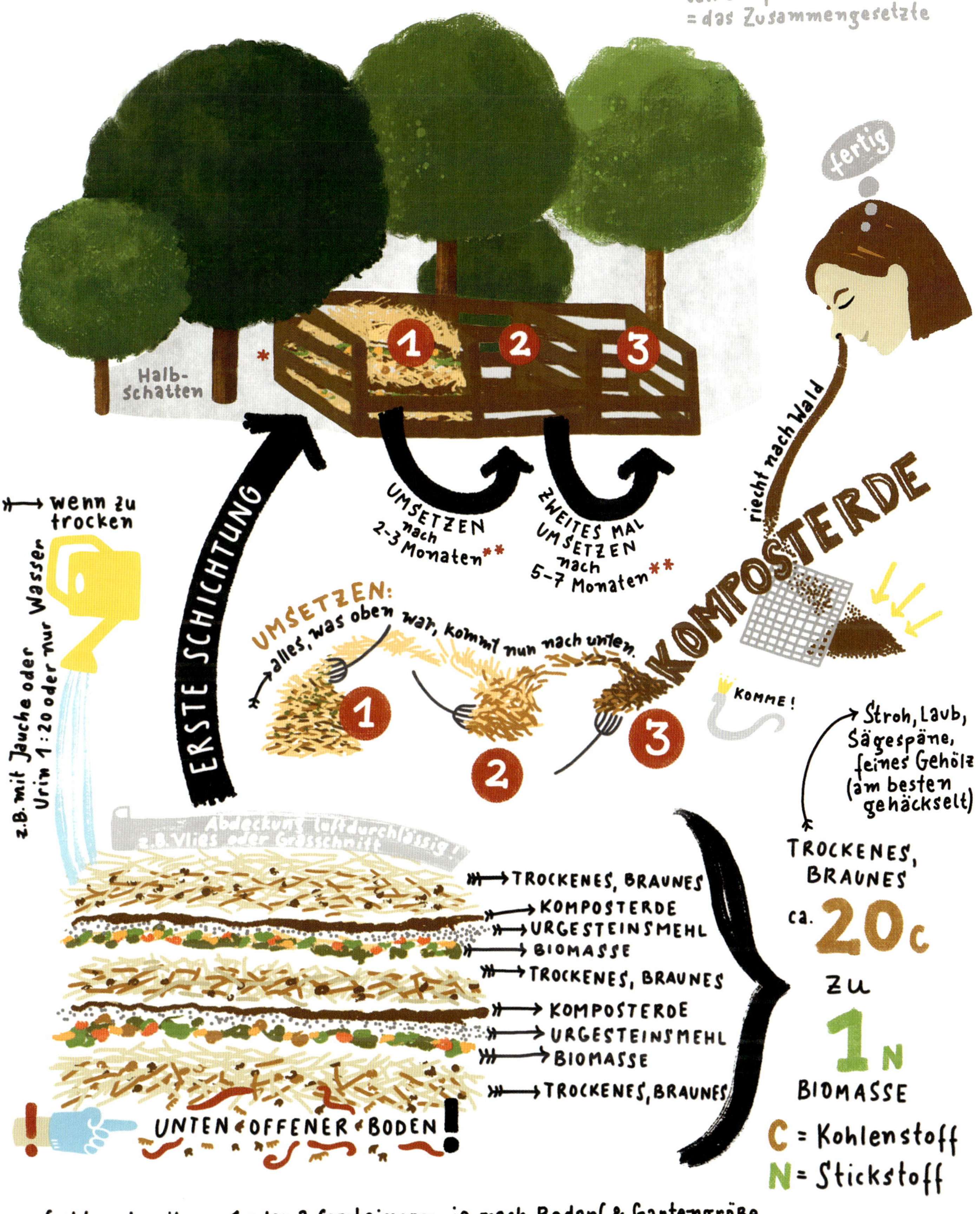

* Geht auch mit nur 1 oder 2 Containern, je nach Bedarf & Gartengröße.

** Dauer hängt von vielen Faktoren ab, siehe nächste Seite.

PHASEN DER KOMPOSTIERUNG

Was darf in den KOMPOST?
C Kohlenstoff
N Stickstoff
klein schneiden
N
Obst- und Gemüsereste. Zitrusfrüchte nicht so viel
N
Gartenabfälle, vor der Samenbildung
C
trockenes Laub
N
Rasenschnitt, nicht zu dick, fault schnell
Eierschalen, zerbröselt
C
Mist
C
Pappe unbedruckt, nicht so viel
C
Häcksel aus Baumschnitt, dünne Äste
C
Stroh
Teebeutel, Kaffee + Filter
Was nicht?
Gekochtes
Fleisch & Käse
Asche (nur von unbehandeltem Holz & unbedruckter Pappe)
Pflanzen mit Krankheiten
Öle & Fette
Katzenstreu
Was hilft?
Urgesteinsmehl
Jauche (S.76)
EM
Effektive Mikroorganismen (S.75)

VORBILD WALDBODEN

MULCH

- hält Feuchtigkeit im Boden
- hindert Unkraut am Wachsen
- schützt vor Verschlämmung & Verkrustung
- bildet Humus

Zum MULCHEN geeignet

10 cm

trau dich!

Rasenschnitt

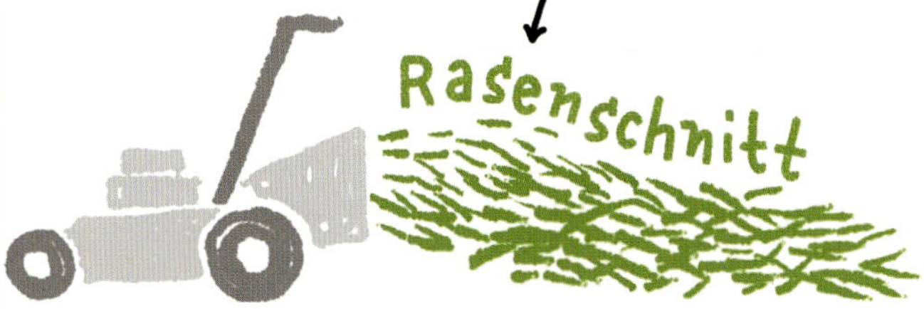

Ausbreiten & anwelken lassen, fault sonst. Sehr stickstoffreich, gut für Starkzehrer (S. 92). Am besten mit Häcksel mischen 1:1

Stroh

Pur geeignet unter Erdbeeren, Rhabarber & Starkzehrern. Vor dem Ausbringen Stickstoff in den Boden bringen, z.B. Jauche (S. 76). Gemischt mit z.B. Rasenschnitt unters Gemüse

Häcksel

mögen wir nicht

Pur unter Beeren, Hecken und Bäume. Gemischt 1:1 mit grünem Material gut für alles Gemüse. Rindenmulch nur auf Wege und unter Hecken und Stauden

Kompost

Im Frühjahr dünn (2 cm) auftragen und leicht einarbeiten. Mit Rasenschnitt bedecken. Feinkompost ist ebenso geeignet wie Rohkompost (S. 68).

AUCH HIER GILT:

Wie ist mein BODEN? Was braucht er?

Laub

Ideal zum Überwintern mehrjähriger Pflanzen. Für Beete: Mischen mit Häcksel und Grünem. Eichenlaub gut unter Rhododendren, Walnusslaub besser gesondert verrotten lassen, enthält viel Gerbstoff. igitt

Brennnessel & Beinwell

Sehr gut unter Tomate & Gurke, liefert Stickstoff. Mit Stroh oder Häcksel gemischt für alle Gemüse. Brennnessel gut gegen

Vor dem Säen & Pflanzen

Mulch zur Seite rächen und Boden einen Tag aufwärmen lassen.

Wenn die Pflänzchen kräftig sind, Mulchdecke wieder schließen.

Bei SCHNECKENINVASION!

besser weglassen & z.B. mit Häcksel, Brennnessel und/oder

Schafwolle mulchen.

Mehr zu Schnecken auf S. 82

Brauner Mulch (C) entzieht dem Boden bei der Zersetzung Stickstoff (N). Deshalb mit Grünmaterial mischen oder 1× im Monat mit Jauche gießen.

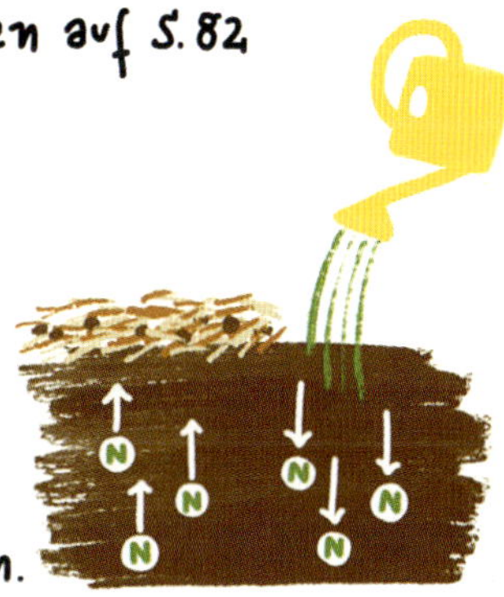

Jeglicher Grünschnitt ist auch zum Mulchen geeignet.

ACHTUNG: Nur vor der Samenbildung →

Unkräuter nach dem Jäten einfach liegen lassen.

Anorganischer Mulch

Speichert Wärme & reflektiert Sonnenlicht. Gut für mediterrane Kräuter & Duftpflanzen. Liefert keine Nährstoffe, deshalb den Boden vor dem Aufbringen mit den nötigen Zugaben anreichern.

GRÜNDÜNGUNG

- verhindert Brachphasen
- verbessert Bodenstruktur
- erhöht Stickstoffgehalt
- unterdrückt Unkräuter
- vermindert Erosion

Beikräuter! ...so viel Zeit muss sein

alle Böden

Bockshornklee

Weißer Senf

Rotklee

Luzerne

Phacelia

saurer Boden

Schwedenklee

magerer Boden

Inkarnatklee

Buchweizen

lehmiger Boden

Hopfenklee

Saatwicke

Saatgut & Saatmischungen im Fachhandel erhältlich

IDEAL...

...als Vor-, Zwischen- oder auch Nachkultur

...zum Überwintern von Beeten aller Art

...zur Neuanlage bzw. Aufbereitung von Beeten

AUSSÄEN:

1. ERDE leicht auflockern – NICHT umgraben!
2. ...SAMEN verteilen
3. ...festtreten
4. ...vor der Blüte abschneiden & 1 Tag anwelken lassen...
5. ... in die Erde einarbeiten.

TIPP → an Rändern & Ecken ein paar stehen lassen

danke – Ich bin schön

STALLMIST

→ Schwere Böden auflockern
→ Wasserhaushalt in leichten Böden verbessern

Manche Bauern verkaufen ihn oder geben ihn ab. Einfach fragen!...

ABER VORSICHT

- NIE frischen Mist verwenden! Zu scharf!
- Sollte mind. 1-2 Jahre abgelagert sein...
- zusammen mit dem Einstreu oder Stroh.
- Nur Mist von gesunden Tieren verwenden!
- Am besten vorher kompostieren...

...unter den Kompost mischen, oder...

... Misthaufen anlegen.

Huhn: Stickstoff, Phosphor, Kalium, Magnesium, Kalk

Enthält viel Harnsäure, sehr »scharf«! Vorgerottet nur für Starkzehrer.

Schaf: Stickstoff, Phosphor, Kalium, Magnesium, Kalzium

Guter Langzeitdünger mit gleichmäßiger Nährstoffabgabe. Wolle sehr gut zum Mulchen geeignet.

Kuh: Phosphor, Stickstoff, Kalium, Mineralstoffverhältnis ausgewogen

1 kg Kuhmist = 5 g Reinstickstoff, lang anhaltende Düngung. Getrocknete Fladen kann man auch zum Heizen nutzen.

Kaninchen: Stickstoff, Phosphor, Kalium, Kalk

Sehr »scharf«! Sollte mit anderen Materialien, z.B. Laub, Stroh, Holzspänen gemischt werden.

Pferd: »hitzig« Stickstoff, Phosphor, Kalium, Kalk

Gut geeignet für Frühbeete als untere Schicht, weil beim Verrotten Wärme entsteht.

Im FRÜJAHR dünn in den Boden einarbeiten. Alle 2-3 Jahre reicht.

...es kommt schnell zu ÜBERDÜNGUNG → BODENPROBE

→ vor allem auf Beete für Starkzehrer (S. 92)

alle paar Jahre ratsam.

TERRA PRETA
SCHWARZE ERDE
AMAZONAS-BECKEN
PFLANZENKOHLE
→ wesentlicher Bestandteil
→ Sehr große Oberfläche
→ Speichert Feuchligkeit
→ Bindet dauerhaft Nährstoffe
Kaufen oder selbst herstellen
Erdloch kubisch Ø ca. 2 m
... oder Kon-Tiki
1
wichtig! von oben anzünden!
PYROLYSE = Zersetzung mit reduziertem Sauerstoff
HOLZ
TIPP
Zum leichteren Anzünden kleinen Kamin stapeln
2
wenig Qualm
Sobald sich an der Oberfläche eine weiße Ascheschicht bildet, Holz von oben nachlegen.
1 Blase Urin pro Kanne
Mit Wasser (gemischt mit Urin) von den Rändern ablöschen
3
4
Pflanzenkohle klein stoßen oder in den Häcksler
DAS WICHTIGSTE:
AUFLADEN
MIT NÄHRSTOFFEN
5
VARIANTEN:
→ Schicht im Kompost
Schicht im Bokashi ←
→ Schnelles Aufladen:
Aufschlämmen mit
→ Jauche (z.B. Brennnessel)
→ Urgesteinsmehl
→ EMa
... und ins Beet einarbeiten.
20% Kohle auf 80% Erde
Pflanzloch
... oder so. Wichtig: 10 cm Erde zwischen Kohle und Wurzel

* Im Fachhandel erhältlich
a = aktiviert

EMa*

EFFEKTIVE MIKROORGANISMEN

pro

»Also ich schwör drauf! Alles wächst besser!«

contra

»Überflüssig, wenn man alles richtig macht.«

→ Mischkultur aus diversen Bakterienstämmen & fermentaktiven Pilzen. Im Boden vorhandene Nährstoffe werden aufgespalten, Milchsäurebakterien verdrängen u.a. Fäulniserreger.

→ GARTEN

→ Bokashi einsprühen zur Fermentierung. Milchsäurebakterien verhindern Fäulnis, es entstehen Antioxidantien und Enzyme.

→ Kompost gießen und mit Folie abdecken. Sauerstoffzufuhr gering halten. Kein Umsetzen mehr nötig, Reifezeit verkürzt sich.

→ Pflanzen werden robuster, blühen mehr und tragen mehr Früchte. Schadhafte Keime und Bakterien werden unterdrückt. Boden bleibt vital.

Nicht bei praller Sonne anwenden und bei Temperaturen unter 15°C. Mikroorganismen arbeiten sonst nicht richtig bzw. verbrennen.

→ STALL

→ Zur Stall- und Käfigreinigung. Vermindert Gerüche und fördert Hygiene.

→ HAUSHALT

→ Kann wie Putzmittel verwendet werden. Es kommt zu weniger Staubbildung. Ein Schuss in die Wasch- oder Spülmaschine beseitigt Gerüche. Auch vorbeugend gegen Schimmel geeignet.

EMa selbst herstellen

- EM-Urlösung
- Melasse
- Fermenter*

→ 7 Tage bei 34°C gären lassen

* Bausatz im Fachhandel erhältlich

JAUCHEN

Die **JAUCHE** ist fertig, wenn sie nicht mehr schäumt. Je nach Anwendung verdünnen. 6 Wochen haltbar

BRENNNESSEL

1:10 zum Düngen, besonders für Starkzehrer (S. 92). Liefert Stickstoff und wichtige Spurenelemente. Nicht bei praller Sonne gießen, kann zu Verbrennungen führen. Sprühen 1:20 gegen Blattläuse.

HOLUNDERBLÄTTER

Hilft gegen Wühlmäuse, unverdünnt mehrmals in Wühlmausgänge gießen. Gegen Kohlweißlingsraupe und andere Schadraupen 1:5 sprühen.

BEINWELL

1:10 zum Düngen. Besonders gut für Tomaten & Gurken. Ab und zu den Kompost damit gießen, guter Starter.

Natürlicher DÜNGER, fördert Wachstum & Bodenleben

ACKERSCHACHTELHALM

1:5 gießen, 1:10 sprühen. 1 kg frisches oder 150 g getrocknetes Kraut in 10 l 24 h einweichen. Hier nicht kochen, Kaltwasserauszug. Hilft bei Mehltau, Kraut- und Braunfäule und Pilzbefall.

LÖWENZAHN

Im zeitigen Frühjahr unverdünnt auf die noch leeren Beete gießen. Im Frühsommer zur Wachstumsförderung 1:5 mehrmals über die Pflanzen sprühen.

RINGELBLUME oder auch CALENDULA

Für alle Gartenpflanzen zur Stärkung. 1:10 alle 2 Wochen gießen oder sprühen. Oder die Blüten einfach aufessen, weil lecker.

RHABARBER

Nach der Ernte die Blätter ansetzen. Gegen Schnecken unverdünnt auf den Boden gießen. 1:5 sprühen hilft gegen Blattläuse, Lauchmotten, Schmetterlingsraupen & Spinnmilben.

BRÜHEN & TEES

Helfen bei Krankheits- und Schädlingsbefall

SCHAFGARBE
Die Blütenstände an einem schattigen, warmen Platz trocknen, dann 24h in Wasser einweichen. 1:10 hilft zur Vorbeugung gegen Pilzkrankheiten & echten Mehltau.

BALDRIAN
Fördert Blüten- und Fruchtbildung und stärkt die Abwehr. Tee 1:3 auf die Pflanzen sprühen oder Boden gießen, kurz vor der Blüte beginnen, dann 1x wöchentlich.

KAMILLE
Fördert gesundes Wachstum und stärkt Widerstandskräfte. Mit Tee 1:5 Boden gießen. Samen (Bohnen, Erbsen, Kohl, Radieschen, Rettich) in kalten Tee 30 Min. einlegen und dann trocknen lassen. Am nächsten Tag säen. Fördert Keimung und schützt vor Krankheiten.

Sprühen nur bei bedecktem Himmel (außer bei Schachtelhalm – der braucht Sonne) und am besten nicht gegen den Wind.

ACH WAS...

... und besser vor Kindern & Haustieren fernhalten.

KNOBLAUCH
1:10 gegen Pilz- und Bakterienkrankheiten auf den Boden sprühen. Unverdünnt auf junge Möhren gegen die Möhrenfliege. Lässt sich auch gut mit Zwiebelschalen & Ackerschachtelhalm mischen. Außerdem wurden gute Abwehreffekte gegen Nacktschnecken beobachtet.

Fast alle Kräuter sind getrocknet auch in der Apotheke erhältlich.

RAINFARN
Tee unverdünnt sprühen hilft gegen Blattläuse, Spinnmilben, Gemüsefliegen, Lauchmotten und Mehltau. Gegen Wurzelläuse wiederholt gießen. Bei empfindlicher Haut besser Handschuhe tragen, kann Kontaktallergien auslösen.

BOKASHI

→ fermentierter organischer Abfall
→ anaerob (ohne Sauerstoff)

... SO LANGE SCHICHTEN, BIS DER EIMER VOLL IST.

→ DECKEL DRAUF UND ZU LASSEN!

fermentier! fermentier!

nach 3 Wochen oder länger fertig!

Zur Vererdung im Garten untergraben...

... oder auch in die abgeernteten Hochbeete, Kübel etc.
ABER: nicht direkt an Wurzeln vergraben, weil noch zu sauer.

nach 4–6 Wochen ist der BOKASHI zersetzt und zu humusreicher ERDE geworden.

Bokashi-Saft → alle paar TAGE ablassen

1:100 – 1A DÜNGER

Sprühen gegen Blattläuse 1:5

PUR ...guter Abflussreiniger

Was darf in den BOKASHI?

Alles außer: Flüssigkeiten, größere Knochen, Asche, Fäkalien, Papier, Öl, stark Verschimmeltes ACHTUNG: Fleisch- und Fischreste können Ungeziefer anlocken, lieber weglassen.

TIPP

Am besten gleich 2 EIMER anschaffen …

… WÄHREND EIMER 1 BEFÜLLT WIRD … … KANN EIMER 2 FERMENTIEREN!

Der fertige BOKASHI kann bis zu einem Jahr gelagert werden … → … in luftdichter TONNE … oder PLASTIK-SACK (dunkel & dicht)

Nicht zu warm lagern, keine direkte Sonne, aber auch keinen Frost. Um die 20 °C ideal

… oder verschenken

da! cool

… oder auf den Kompost. Verbessert die Zersetzung

RASEN-BOKASHI

dunkler Plastiksack

- → ANGEWELKTER RASENSCHNITT
- → EINSPRÜHEN MIT EM (PUR)
- → DÜNNE SCHICHT GESTEINSMEHL
- weiter so und → FESTDRÜCKEN, LUFT RAUS UND VERSCHLIEßEN
- → ECKE ABSCHNEIDEN
- → BOKASHI-SAFT ALLE PAAR TAGE ABLASSEN → DÜNGER 1 : 100
- → MIT ◯ VERSCHLIEßEN

fermentier! fermentier!

FRISCHER BOKASHI hat einen sehr geringen pH-Wert.
→ Mit dem Pflanzen & Säen (nach dem Untergraben) 2 Wochen warten, zarte Wurzeln verbrennen sonst.

Funktioniert auch mit → Brennnessel, Giersch, Quecke

… und vielem mehr!

Aber vor der Samenreife!

PILZE sind überall!

PILZWACHSTUM im Garten fördern:

- Mit Holzhäcksel mulchen
- Totholzecken & Holzstapel anlegen, lockt zudem andere Nützlinge an (S.46)
- Außerdem gibt es Pilzkulturen für Speisepilze im Fachhandel.

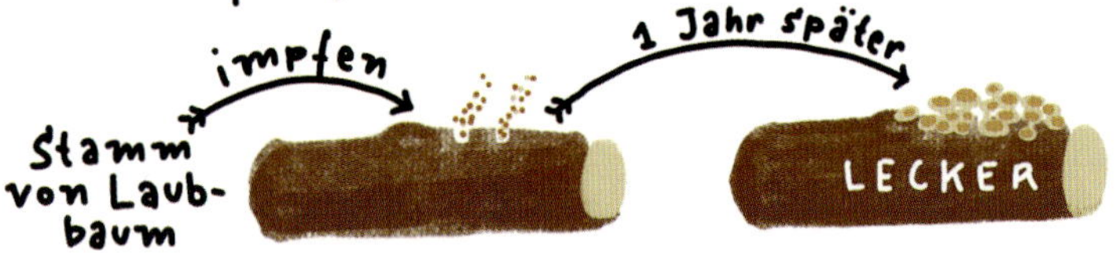

Sporen wurden schon in Wolken gefunden.
Nur Frucht-körper
Ist eigentlich der PILZ!
MYZEL
feine Zellfäden
sind in der Lage, sich zu verbinden!
gewaltiges POTENZIAL!
Baustoff
Leder-ersatz
Textilien
Verpackungen
Wird viel geforscht!
VORSICHT beim Kauf von Mykorrhiza-Substraten! Unbedingt das KLEINGEDRUCKTE lesen:
EKTOMYKORRHIZEN
geeignet für Gehölze
im Herbst pflanzen
Substrat muss mit Wurzeln Kontakt haben.
ENDOMYKORRHIZEN
geeignet für Gemüsegarten. Nur diese gehen Symbiose mit einjährigen Pflanzen ein.
z.B. in die Saatrillen streuen

SCHNECKEN

BÄNDERSCHNECKEN
TIGERSCHNEGEL
Gute Schnecken
→ fressen verwesende Pflanzenteile.
→ sind ein wichtiger Baustein im Ökosystem.
→ fressen die Eier von denen!
KALZIUM
Wichtig für Vögel
NACHMIETER
Glühwürmchen, Käfer, Spinnen, Wildbienen
Böse Schnecken
SPANISCHE WEGSCHNECKE
KORREKT: KAPUZINERSCHNECKE
Ich komm gar nicht aus SPANIEN, sondern aus Mitteleuropa!
haben immer HUNGER!
mögen es DUNKEL und FEUCHT.
KEINER MAG SIE!
Natürlich gibt es eigentlich kein GUT oder BÖSE, aber hier mache ich eine Ausnahme.
Nehm ich voll auf meine Kappe!
würg
Krieg ich nicht runter!
ZU SCHLEIMIG!

MAßNAHMEN

AM WIRKSAMSTEN

…und schnell

1

Leider Plastik, hält aber sehr, sehr, sehr lange.

2 ABSAMMELN

Wenn es dunkel wird…

…oder früh am Morgen

Funktioniert gut mit Sammelstellen. Bisschen Salat unter ein Brett, hochheben und absammeln.

Wegbringen! Nicht töten!

Am besten 1000 m

Noch besser: Insel

Aaah aaaaaaaaaaa! Mord!

Schlimmer Schleim!

VORBEUGEN

1

Tiere anlocken (S. 46), die im Frühjahr oder Herbst die Eigelege fressen.

2

Nur morgens gießen, weil sie sich sonst nachts zu wohl fühlen, und am besten dicht an den Pflanzen.

3

Gras im und um den Garten kurz halten.

4

muggelich

Besser nicht mit Stroh mulchen, Holzhäcksel und Schafwolle sind besser geeignet.

KRANKHEITEN

KRAUT- UND BRAUNFÄULE

→ Braune Flecken an Blättern & Früchten von Tomaten & Kartoffeln!

✚ Schachtelhalmauszug oder Zwiebeltee spritzen, auch über den Boden

Tomaten vor Regen schützen & ausgeizen

KOHLHERNIE

→ Verdickungen an den Wurzeln von Kohlgewächsen, Radieschen & Rettich, Pflanzen welken!

✚ Fruchtfolge einhalten, 4–7 Jahre keine Kreuzblütler (S. 88) ins Beet

MEHLTAU, ECHTER & UNECHTER

→ Weißer Belag auf Blättern, beim unechten Mehltau gelbe Flecken, Blätter sterben ab!

✚ Rainfarn- oder Knoblauchbrühe oder Schachtelhalmauszug spritzen

ROST

→ Gelbe, rote & braune Flecken auf Blättern, Pflanze stirbt ab!

✚ Rainfarn- oder Knoblauchtee oder Schachtelhalmauszug spritzen

GRAUSCHIMMEL

→ Blätter & Früchte werden grau & faulen!

✚ Pflanze & Boden mit Schachtelhalmauszug oder Zwiebeltee spritzen, mit Steinmehl bestäuben

KRANKE Pflanzen oder Pflanzenteile entfernen & über den Hausmüll entsorgen!

BOGENTUNNEL

→ Schützt vor Schädlingen, aber auch vor Frösten

SCHÄDLINGE

...sind eigentlich Nützlinge, die durch Unbalancen Überhand genommen haben.

JAUCHEN & TEES S.76

WÜHLMAUS

→ nagt an Wurzeln!

✚ Holunderjauche in die Löcher gießen & Stock mit Dose drauf eingraben

→ Hilft auch gegen Vögel

KOHLWEIẞLING

→ Raupen fressen alles kahl, gerne Kohl!

✚ Absammeln & Rhabarber- oder Holunderjauche spritzen

BLATTLAUS

5000 Arten!

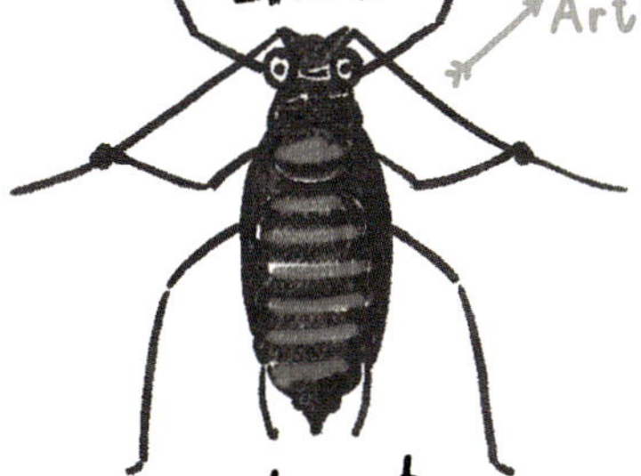

→ saugt Saft aus den Blättern und scheidet Honigtau aus, von dem sich viele Insekten ernähren. Zu viele beeinträchtigen das Wachstum.

✚ Rainfarntee oder Brennnesseljauche spritzen, Lavendel pflanzen

→ Einer frisst bis zu 40 Blattläuse am Tag.

MÖHRENFLIEGE

→ frisst dunkle Gänge in die Wurzel der Möhre!

✚ Mischkultur mit Zwiebel & Lauch, nach der Aussaat mit Zwiebelsud oder Knoblauchtee gießen

NEMATODE

Kann auch nützlich sein

→ oder auch Älchen, lebt im Boden & befällt die Wurzeln!

✚ Tagetes & Ringelblume als Zwischenkultur, Fruchtfolge einhalten

4 Jahre keine Nachtschattengewächse (Kartoffel, Tomate) ins Beet

ZWIEBELFLIEGE

→ frisst im Inneren der Zwiebel, die Pflanze fault!

✚ Mischkultur mit Möhre, gießen mit Rainfarn- oder Brennnesseljauche

SPINNMILBE

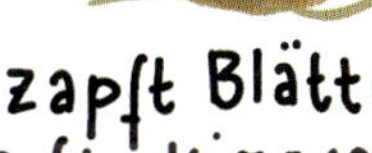

→ zapft Blätter an, die fleckig werden & vertrocknen! Geflechte auf der Blattunterseite

✚ Knoblauchtee oder Brennnesseljauche spritzen

In einem funktionierenden ÖKOSYSTEM kommt es selten zu erheblichen Schäden!

GRÜNES

KLEINE FAMILIEN-KUNDE

KREUZBLÜTLER

- Alle Kohlarten
- Brokkoli
- Radieschen
- Rettich
- Rucola
- Senf
- Raps
- Kresse
- Pak Choi
- Meerrettich

KORBBLÜTLER

- Salate
- Schwarzwurzel
- Artischocke
- Topinambur
- Beifuß
- Estragon
- viele Blumen

DOLDENBLÜTLER

- Karotten
- Petersilie
- Sellerie
- Kümmel
- Pastinake
- Dill
- Fenchel
- Kerbel
- Koriander
- Giersch

LIPPENBLÜTLER

- Basilikum
- Thymian
- Rosmarin
- Salbei
- Minze
- Lavendel
- Oregano
- Bohnenkraut

KÜRBISGEWÄCHSE

- Gurke
- Zucchini
- Kürbis
- Melone

HÜLSENFRÜCHTLER

- Bohnen
- Erbsen
- Linsen
- Lupinen
- Wicken

LEGUMINOSEN → fixieren Stickstoff im Boden

← Wurzelknöllchen → Symbiose mit Bakterien

NACHTSCHATTENGEWÄCHSE

- Tomaten
- Paprika
- Kartoffeln
- Physalis
- Chili
- Tabak
- Aubergine
- Goji-Beere

Rosengewächse

- Erdbeere
- Kirsche
- Quitte
- Himbeere
- Brombeere
- Birne
- Apfel
- Mirabelle
- Schlehe
- Pfirsich
- Mandel
- Mispel

Süßgräser

- Mais
- Roggen
- Hirse
- Dinkel
- Bambus
- Reis
- Gerste
- Weizen

Lauchgewächse

- Zwiebel
- Knoblauch
- Porree
- Bärlauch

UND WAS BIN ICH?

... ein Gemüse aus der Familie der Knöteriche. Sorry.

Hahnenfußgewächse

- Anemone
- Eisenhut
- Windröschen
- Clematis
- Akelei
- Rittersporn
- Hahnenfuß
- Scharbockskraut

... und dann gibt's auch noch die Schmetterlingsblütler, Windengewächse, Heidekrautgewächse, Wegerichgewächse, Raublattgewächse und die Kein-Platz-mehr-Gewächse.

NUR SO INFO

Rhizom

GILLES DELEUZE & FELIX GUATARRI RHIZOM → andere Baustelle. Trotzdem Tipp.

→ Meist unterirdisch wachsender Wurzelstock. Kann sich weit verzweigen und große Flächen durchwuchern, z.B. Brennnessel, Spargel, Ingwer, Bambus ...

SEX & INSEKTEN

Es gibt zwei Methoden der Fortpflanzung: sexuell und asexuell

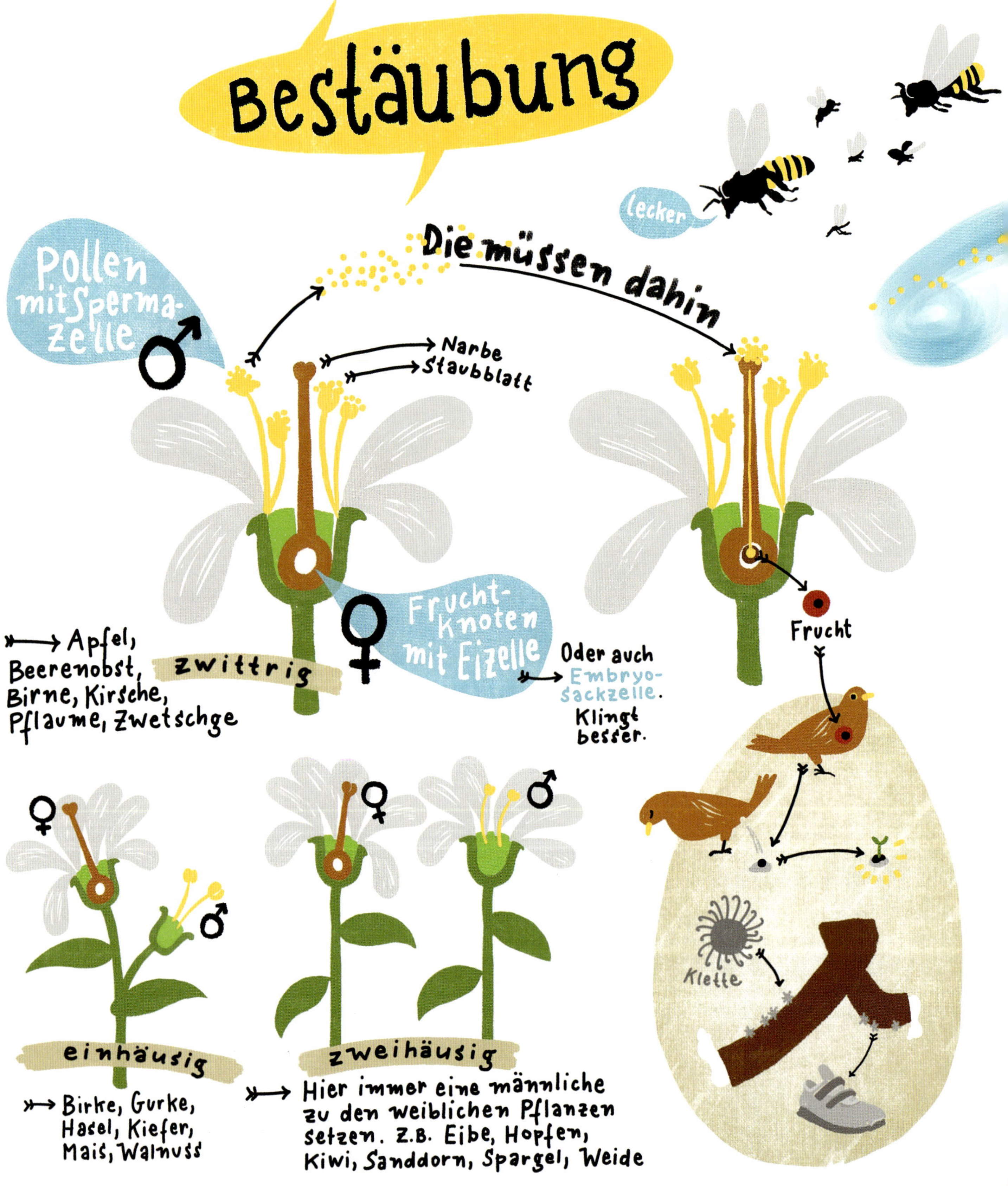

Unser Job!
Kurzstrecken-flüge nur für Insekten!
Pollen kleben am Bein.
Oder meiner!
Pollenwolke
Oder so
Selbst-bestäubung
z.B. Erbse, Bohne, Tomate
KLONE
Asexuell
Vegetative Fortpflanzung
Neid
ZELLTEILUNG
Erbgut bleibt identisch
Knollen
Rhizom
Zwiebeln
Stecklinge (S. 108)
Ausläufer (S. 109)
TIPP für Folgejahr

STARK-, MITTEL- UND SCHWACHZEHRER

Aubergine, Brokkoli, Chicorée, Gurke, Kartoffel, Kohl (alle), Kürbis, Lauch, Mais, Melone, Rhabarber, Sellerie, Tomate, Zucchini

SPEISEKARTE

HAUPTSPEISE

Stickstoff, Phosphor, Kalium, Schwefel, Magnesium, Calcium

NACHSPEISE

Bor, Chlor, Kupfer, Eisen, Mangan, Molybdän, Nickel, Zink

Fenchel, Knoblauch, Kohlrabi, Mangold, Meerrettich, Möhre, Paprika, Pastinake, Rettich, Rote Bete, Salat, Spinat, Stangenbohne, Zwiebel

Buschbohne, Erbse, Erdbeere, Feldsalat, Kräuter, Portulak, Puffbohne, Radieschen

FRUCHTFOLGE

Durch den Anbau verschiedener Zehrer im Wechsel bleibt die Bodenfruchtbarkeit länger erhalten. Zudem beugt man Krankheiten und Schädlingsbefall vor.

Passende PARTNER nächste Seite

MISCHKULTUR

KRITERIEN zur PLANUNG

PFLANZEN aus derselben FAMILIE (S. 88) NICHT zusammensetzen!

Brauchen die gleichen Nährstoffe und locken die gleichen Schädlinge an!

Gründüngung (S.72), aber auch schon Salat, Frühkartoffeln und Spinat säen bzw. setzen.

Tipp Spinatwurzeln im Boden lassen zur Düngung.

... kommt nach der Vorkultur ins Beet, meist ab Mitte Mai. (Eisheilige)
→ Kohl, Gurken, Tomaten, Lauch, Sellerie, Kürbis u.v.a. Am besten vorgezogen

... Kommt nach der Hauptkultur.
→ Feldsalat, Spinat, vorgezogene Zichorien oder Gründüngung, z.B. Winterroggen

VOR-KULTUR
→ kommt als Erstes ins Beet. Wächst schnell und bereichert den Boden.

HAUPT-KULTUR
→ steht am längsten im Beet und wächst langsam. Grundsatz: Die Vor- und Zwischenkultur darf nie die Hauptkultur beeinträchtigen!

NACH-KULTUR
→ gibt dem Boden verloren gegangene Nährstoffe zurück und deckt ihn.

ZWISCHENKULTUR
→ wächst schnell und sorgt für Bodenbedeckung.

...wird zwischen die Hauptkultur gesät.
→ Salat, Spinat, Rauke, Radieschen, Möhren, Zwiebeln, Blattsellerie, Kräuter, Blumen u.v.a.

... UND WER NUN MIT WEM?

Entscheidend ist vor allem WER NICHT MIT WEM!

So viele sind das nämlich gar nicht.

WER denn jetzt mit WEM?

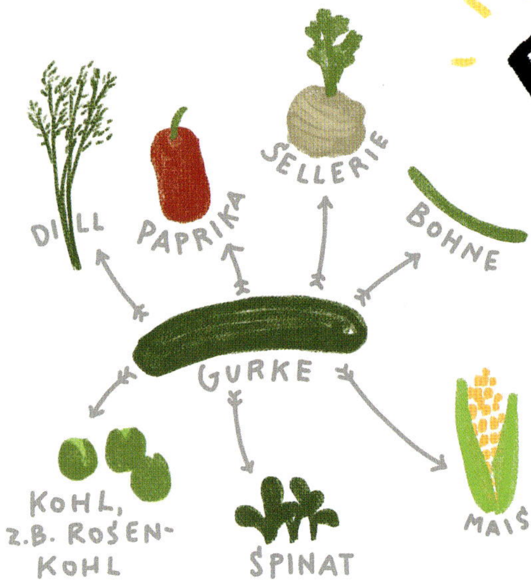

Everybody's Darlings

→ wie Delfine

Salat, Spinat & Radieschen können immer in Lücken als Zwischenkultur gesät werden. Außerdem auch Blumen (S. 101) und Kräuter (S. 102)

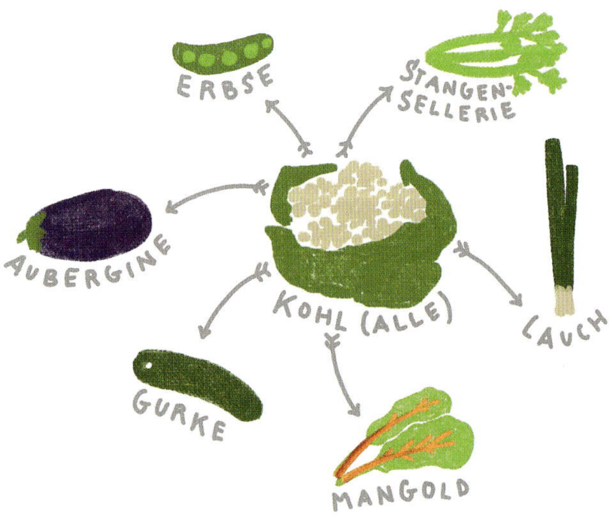

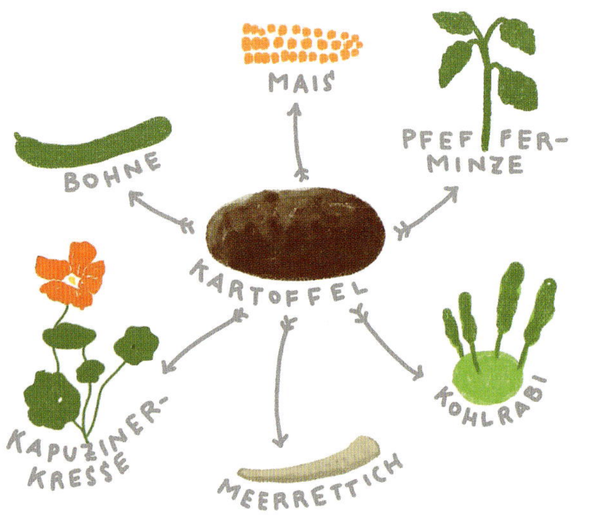

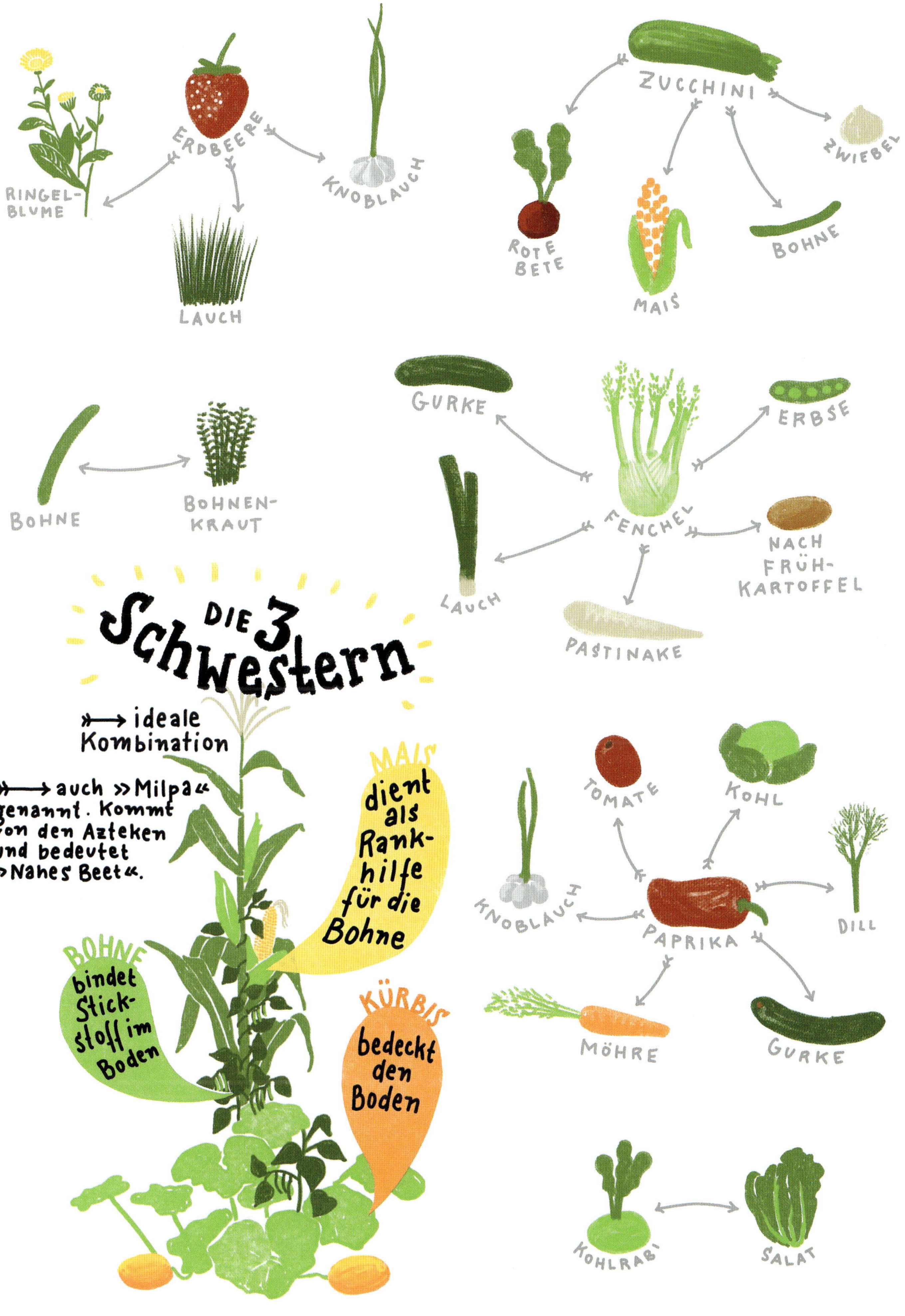
RINGEL-
BLUME
ERDBEERE
KNOBLAUCH
LAUCH
ZUCCHINI
ROTE
BETE
MAIS
BOHNE
ZWIEBEL
BOHNE
BOHNEN-
KRAUT
GURKE
ERBSE
FENCHEL
LAUCH
NACH
FRÜH-
KARTOFFEL
PASTINAKE
DIE 3 Schwestern
ideale
Kombination
auch »Milpa«
genannt. Kommt
von den Azteken
und bedeutet
»Nahes Beet«.
MAIS
dient
als
Rank-
hilfe
für die
Bohne
BOHNE
bindet
Stick-
stoff im
Boden
KÜRBIS
bedeckt
den
Boden
TOMATE
KOHL
KNOBLAUCH
PAPRIKA
DILL
MÖHRE
GURKE
KOHLRABI
SALAT

…NOCH EIN PAAR TIPPS

→ Bei guter Mischkultur kann auf die Fruchtfolge verzichtet werden. Noch besser beides zusammen

→ Paprika nie alleine pflanzen

→ Blattsellerie ideal als Vorkultur für Kohl

→ Tomate kann mehrere Jahre am selben Standort stehen.

→ Erntereste (welke Blätter etc.) zwischen den Pflanzen liegen lassen → Mulch drüber

INDOOR

Hauptkultur vorziehen (S.106)

HIER: Tomate, Kohl, Lauch, Gurke, Knollensellerie

→ Spinat ernten und Wurzeln im Boden lassen → Humus

Die allermeisten PFLANZEN verhalten sich neutral zueinander.

Sommerlauch nur abschneiden

→ Ampfer raus

Saatgut, z.B. Margerite rein

→ empfiehlt SENF & ACKERBOHNE als Gründünger

GERTRUD FRANCK

Queen of MISCHKULTUR

→ plant ihre Beete in strengen Reihen und schwört auf Flächenkompost. Sehr effizient. Ihr Buch »Gesunder Garten durch Mischkultur« ist ~~toll~~. sehr hilfreich

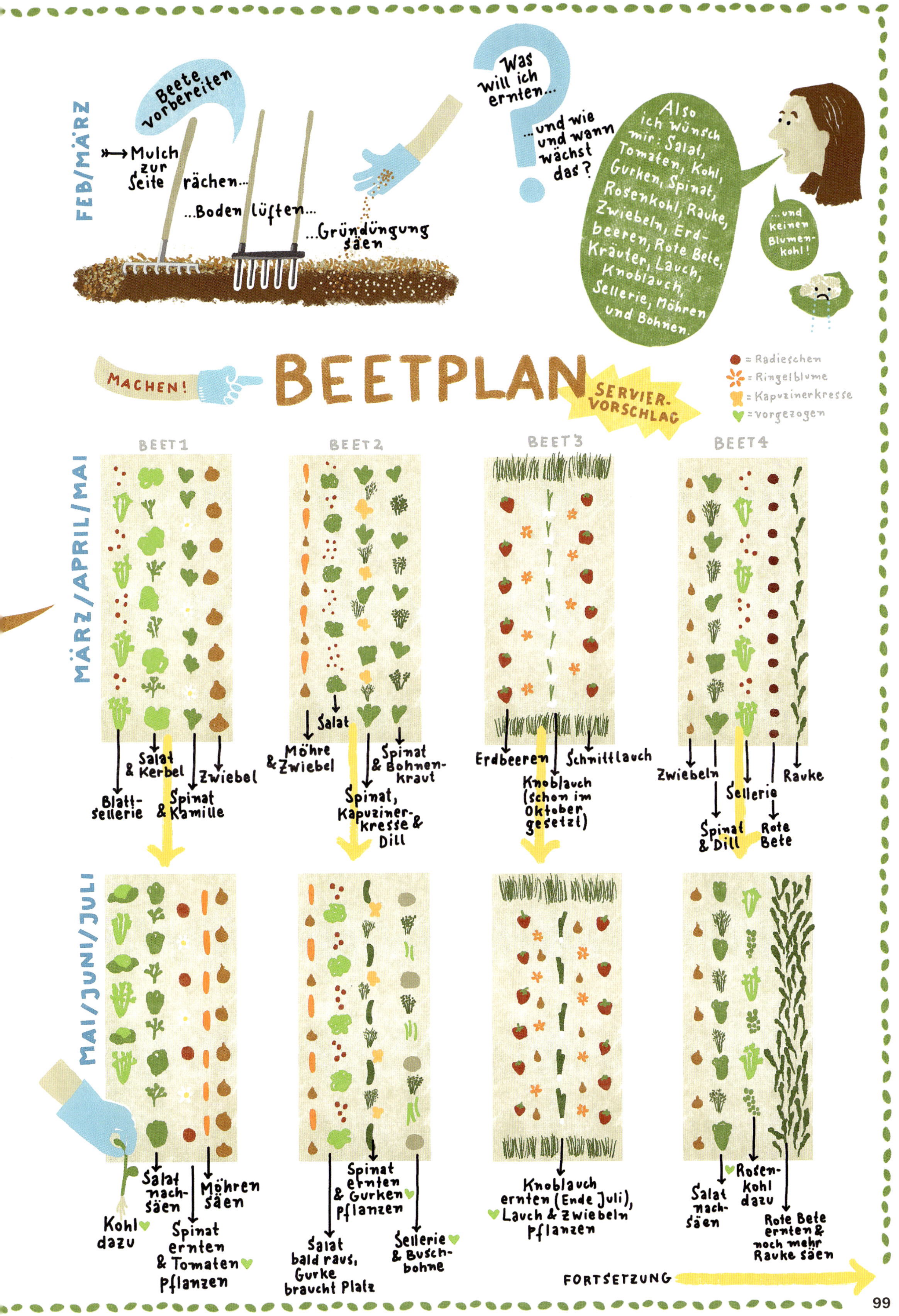

FEB/MÄRZ
Beete vorbereiten
Mulch zur Seite rächen...
...Boden lüften...
...Gründüngung säen
Was will ich ernten...
...und wie und wann wächst das?
Also ich wünsch mir: Salat, Tomaten, Kohl, Gurken, Spinat, Rosenkohl, Rauke, Zwiebeln, Erdbeeren, Rote Bete, Kräuter, Lauch, Knoblauch, Sellerie, Möhren und Bohnen.
...und keinen Blumenkohl!
MACHEN!
BEETPLAN
SERVIER-VORSCHLAG
= Radieschen
= Ringelblume
= Kapuzinerkresse
= vorgezogen
BEET 1
BEET 2
BEET 3
BEET 4
MÄRZ/APRIL/MAI
Blatt-sellerie
Salat & Kerbel
Spinat & Kamille
Zwiebel
Möhre & Zwiebel
Salat
Spinat, Kapuziner-kresse & Dill
Spinat & Bohnen-kraut
Erdbeeren
Knoblauch (schon im Oktober gesetzt)
Schnittlauch
Zwiebeln
Spinat & Dill
Sellerie
Rote Bete
Rauke
MAI/JUNI/JULI
Kohl dazu
Salat nach-säen
Spinat ernten & Tomaten pflanzen
Möhren säen
Salat bald raus, Gurke braucht Platz
Spinat ernten & Gurken pflanzen
Sellerie & Buschbohne
Knoblauch ernten (Ende Juli), Lauch & Zwiebeln pflanzen
Salat nach-säen
Rosen-kohl dazu
Rote Bete ernten & noch mehr Rauke säen
FORTSETZUNG

...FORTSETZUNG

BLUMEN

wichtige PARTNER!

→ locken **BESTÄUBER** an, halten **SCHÄDLINGE** fern, sind **SCHÖN** und **ESSEN** kann man sie auch fast alle.

→ Drohen die Blumen das Gemüse zu überwuchern, rigoros runterschneiden & damit mulchen oder

KRÄUTER

Als **EINJÄHRIG** werden Kräuter meist nur bezeichnet, wenn sie keinen **FROST** vertragen. Es gibt allerdings Züchtungen, die nur 1 Jahr überstehen.

→ locken mit ihrem Duft Nützlinge an.

→ können Krankheiten, Schädlinge & Pilze fernhalten.

→ sind wichtige Partner in der Mischkultur.

→ Frostempfindliche Kräuter winterfest einpacken:

→ Weniger empfindliche Kräuter dick mulchen

→ Im Sommer ein paar Triebe zur Samenreife kommen lassen. Säen sich selbst aus oder nachhelfen →

→ Manche Kräuter sind außerhalb der Gemüsebeete besser aufgehoben, weil sie ausdauernd und auch dort noch von großem Nutzen sind, z.B. Petersilie, Salbei, Thymian, Ysop. Sie kommen an die Ränder oder in Töpfe.

→ Die Kräuter in den Gemüsebeeten frosten im Winter ab und tragen so zur Humusbildung bei.

WINTER:

= mulchen

= einpacken

= besser im Topf & im Winter reinstellen

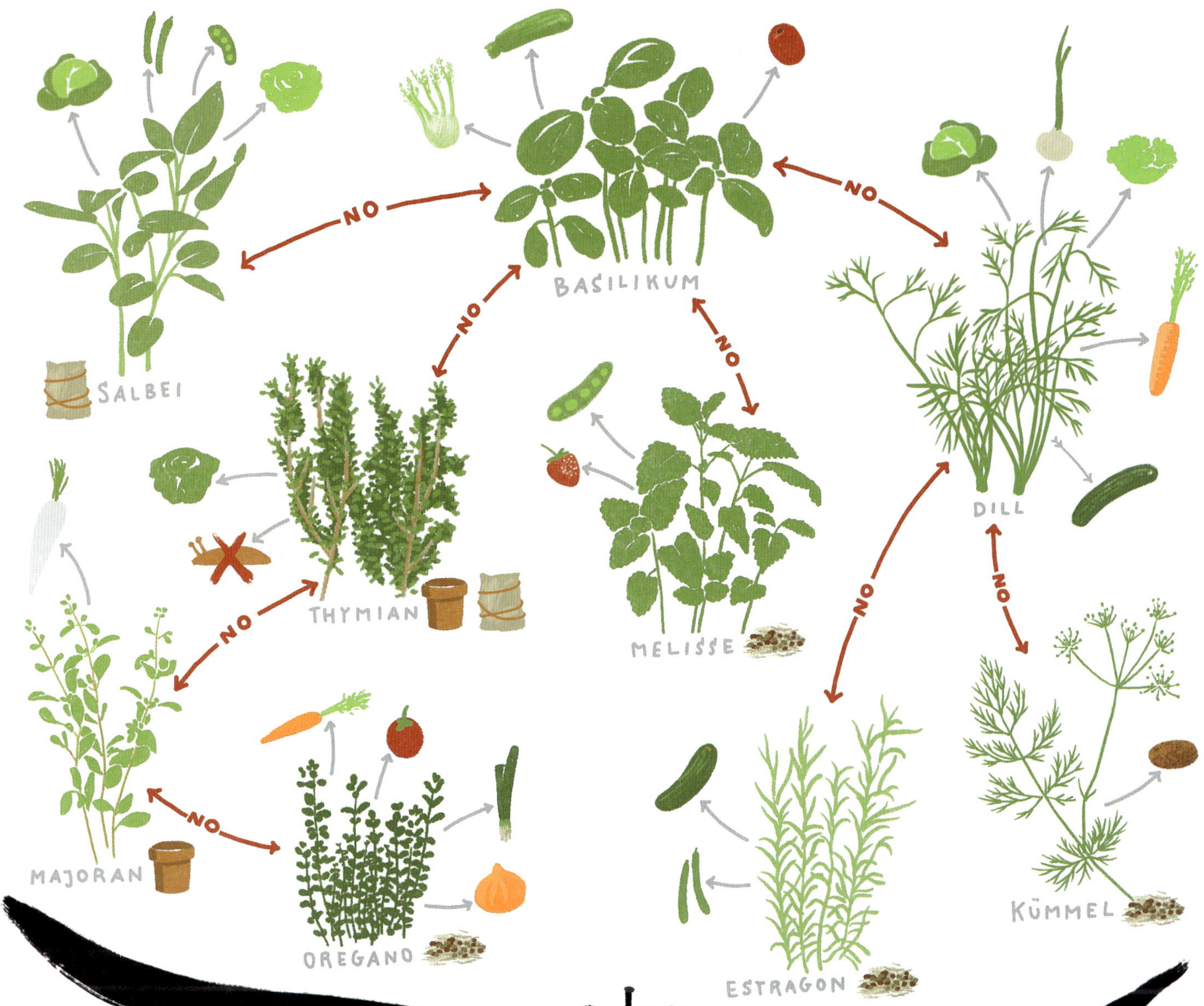

...oder so

1 Trockene Zone
Thymian, Bergbohnenkraut, Salbei, Ysop, Lavendel

2 Eher trockene Zone
Oregano, Melisse, Rosmarin, Majoran, Koriander

KRÄUTERSPIRALE

3 Eher feuchte Zone
Kümmel, Estragon, Kamille, Pfefferminze, Dill, Petersilie

4 Feuchte Zone
Schnittlauch, Kerbel, Brunnenkresse

SAATGUT

KAUFEN

NUR BIO

→ **SAMENFEST**
Adressen S. 131

Finger weg von konventionellen
F1 → **HYBRIDEN!**
Das ist die erste Generation Saatgut aus einer Kreuzung, d.h. es ist nicht samenfest.

→ Muss jedes Jahr neu gekauft werden!

Keine Saatgutgewinnung möglich!

→ Außerdem ist es oft mit
NEONICOTINOIDEN
behandelt (gebeizt)
& mitverantwortlich für das

Bienensterben.

→ Nicht so freundliche Konzerne ...

MOTTO: Nach uns die Sintflut!

... streben Monopol an!

→ Gentech-Saatgut
→ Agrargifte
→ Abhängigkeit der Landwirte

Mit Patenten auf Züchtungen wird versucht, die Natur zu privatisieren!

SELBST GEWINNEN

ODER TAUSCHEN

LISTE
Was will ich nächstes Jahr ernten:
→ Was hat gut funktioniert?
→ Was hat mir geschmeckt?

SELBSTBESTÄUBER (S. 91)

... sind unkompliziert.

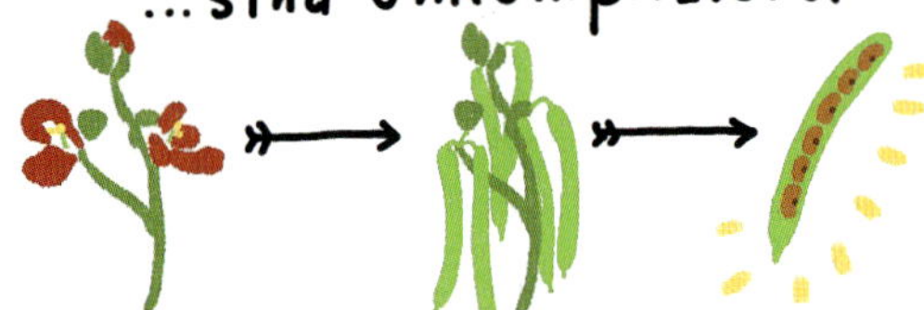

→ Bohne, Erbse, Gerste, Paprika, Salat, Tomate

FREMDBESTÄUBER

... können sich mit Pflanzen aus derselben Familie (S. 88)
KREUZEN,
was es zu verhindern gilt! →

WEIL

Saatgut hat meist keine stabilen Eigenschaften!

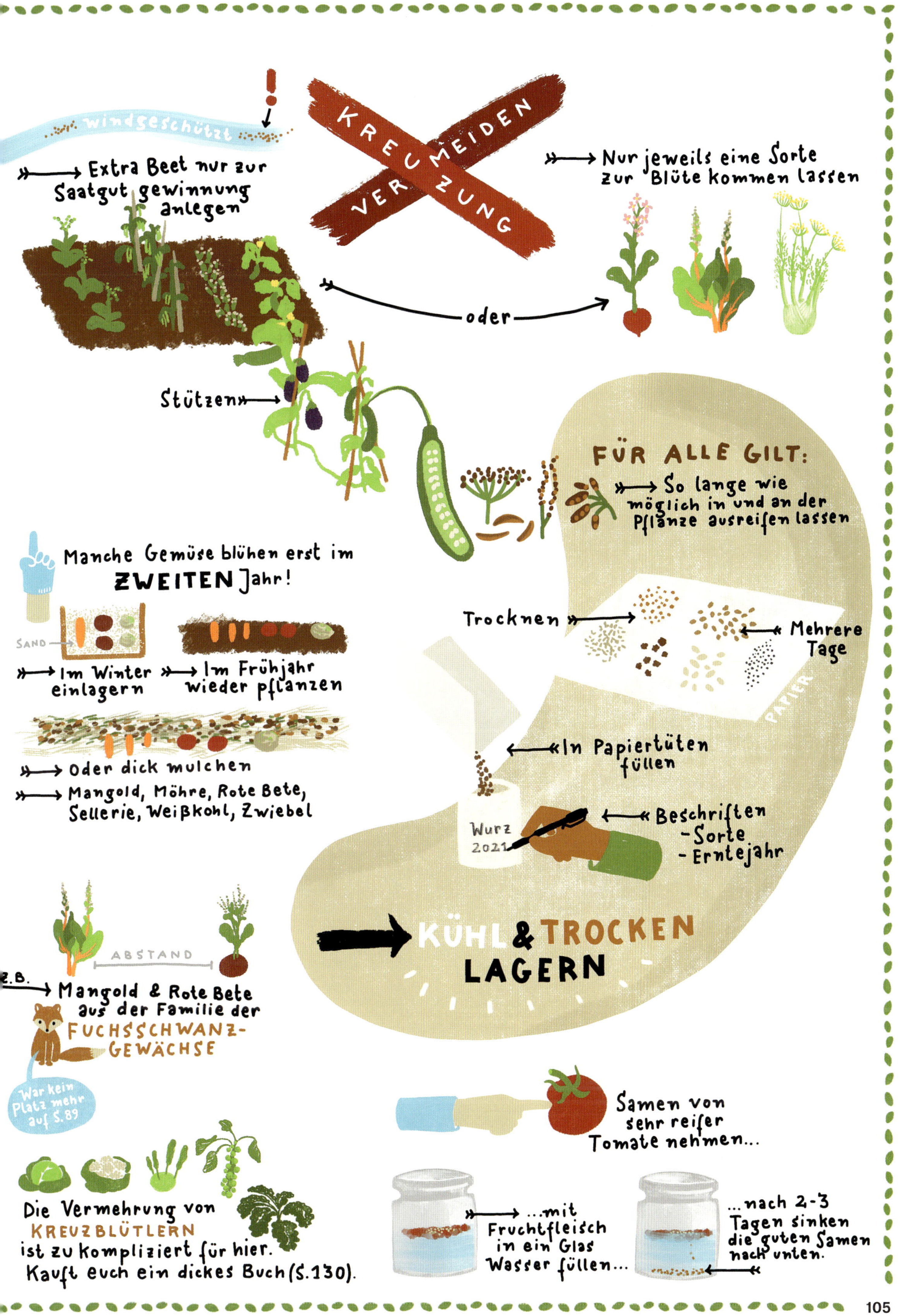
windgeschützt !
Extra Beet nur zur Saatgutgewinnung anlegen
Stützen
KREUZUNG VERMEIDEN
Nur jeweils eine Sorte zur Blüte kommen lassen
oder
FÜR ALLE GILT:
So lange wie möglich in und an der Pflanze ausreifen lassen
Trocknen
Mehrere Tage
PAPIER
In Papiertüten füllen
Beschriften
- Sorte
- Erntejahr
Wurz 2021
KÜHL & TROCKEN LAGERN
Manche Gemüse blühen erst im ZWEITEN Jahr!
SAND
Im Winter einlagern
Im Frühjahr wieder pflanzen
oder dick mulchen
Mangold, Möhre, Rote Bete, Sellerie, Weißkohl, Zwiebel
ABSTAND
z.B. Mangold & Rote Bete aus der Familie der FUCHSSCHWANZ-GEWÄCHSE
War kein Platz mehr auf S. 89
Die Vermehrung von KREUZBLÜTLERN ist zu kompliziert für hier. Kauft euch ein dickes Buch (S. 130).
Samen von sehr reifer Tomate nehmen…
…mit Fruchtfleisch in ein Glas Wasser füllen…
…nach 2-3 Tagen sinken die guten Samen nach unten.

ANZUCHT

VIELE
Töpfe und/oder Anzuchtschalen…
…oder Klopapierrollen
Anzucht-erde
Kaufen oder selbst herstellen (S. 68)
…oder vom Maulwurf-hügel nehmen
Keinen TORF kaufen!
Zerstört Moore!
CO_2 wird freigegeben!
BEISPIEL: Anzuchtschale
1
Anzuchterde
2
Säen
Dünne Schicht Erde drauf
Leicht an-drücken
3
Ball-brause
Behutsam angießen
4
Was sollte vorgezogen werden?
Ab März/April auf die Fensterbank, ins Frühbeet oder ins Gewächshaus stellen
Aubergine
Blumenkohl
Brokkoli
Gurke
Kürbis
Lauch
Mangold*
Melone
Paprika
Pepperoni
Physalis
Rosenkohl
Salat*
Tomate
Zucchini
Direkt ins Beet können:
Bohne
Dill
Erbse
Möhre
Pastinake
Radieschen
Rote Bete
Spinat
* Kann ab April auch direkt gesät werden

Pikierstab

5 Pikieren...

...wenn das zweite Blattpaar gewachsen ist. Pflänzchen nur am Blatt halten, der Stängel ist sehr empfindlich.

6 In größere Töpfe pflanzen. Pflänzchen brauchen jetzt mehr PLATZ!

Kürbis & Gurke nicht pikieren, sondern gleich in größeren Topf säen.

MITTE MAI
UMZUG
NACH DRAUSSEN!

Vorher 2-3 Tage lang eingewöhnen!

→ Nicht gleich in die Sonne oder den Wind stellen

7 → Nachts wieder reinholen, sonst

SCHOCK

Erst, wenn die Pflänzchen etwas abgehärtet sind,...

8 ...auspflanzen

Mini-Treibhaus für kalte Tage & Nächte

Feucht halten

LICHTKEIMER

→ nur leicht andrücken, z.B. Basilikum, Dill, Kamille, Koriander, Kümmel, Oregano, Pfefferminze, Salat, Sellerie, Tomate, Zitronenmelisse

FÜR ALLE ANDEREN GILT:

CA. GLEICHER ABSTAND

→ Große Samen über Nacht in Kamillentee einweichen

TIPPS

→ Kleine Samen zum Vorkeimen in feuchtes Küchenpapier legen & in Gefrierbeutel stecken. Gleich nach der Keimung säen

KEIMTEMPERATUR

Die brauchen es WARM zum Keimen (18-25 °C), ...

...die lieber KÜHL. (8-15 °C)

→ Tomaten hassen Regen & brauchen ein Dach.

Vegetative VERMEHRUNG

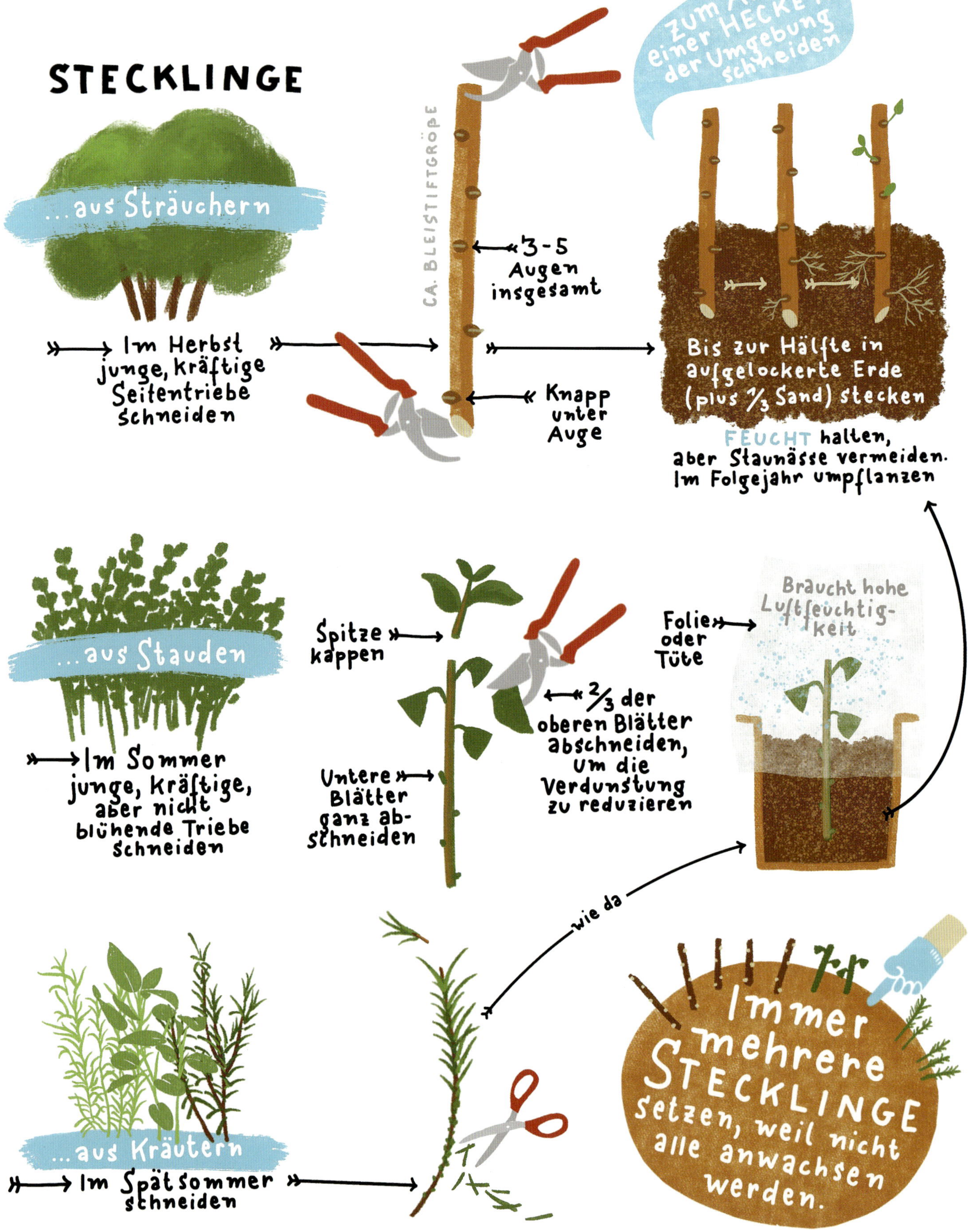

TEILEN

ABSENKER

AUSLÄUFER

FECHSER

PFLANZEN pflanzen

BÄUME & STRÄUCHER

WOHIN?
Obst-baum-lebens-gemein-schaft
Ich werde ALT und GROSS & stehe nicht...
...gerne allein!
...hast mich glatt überlebt.
Wald-garten (S.30)
Frühblüher & heimische Blütensträucher locken Bestäuber an.
z.B.
POLLEN
Apfel & Birne sind keine Selbstbestäuber, darum eine andere Sorte in die Nähe pflanzen.
Falls der Platz fehlt, blühende Apfel- oder Birnenzweige unter den Baum stellen.
TRICK
WER mit WEM?
Apfel mag...
Birne mag...
Kornel-kirsche
Pflaume
Süß-kirsche
Mirabelle
Pfirsich
Aprikose
Für darunter: Kapuzinerkresse, Meerrettich, Knoblauch
welk= ernte-reif
Zehen im September stecken,...
...im Juni/Juli ernten
Vorzugsweise Knoblauch aus regionaler Ernte verwenden...
...erhöht den Ertrag!
TIPP für MEHRJÄHRIGE
z.B. Erdbeere
Langzeitdünger Schafwolle unten ins Pflanzloch
...auch als Pellets
Tomate bis zur ersten Blattgabelung einpflanzen.
Bildet am Stängel neue Wurzeln & wird kräftiger.

In der Permakultur: »Sanfter Rückschnitt«

BAUM- UND STRAUCHSCHNITT

→ Müssen scharf & sauber sein!

Damit ein Obstbaum langfristig gute Erträge liefert & robust bleibt, sollte man gerade in der Frühphase auf den richtigen Schnitt achten.

↓

Sonst

Darüber gibt es SEHR VIEL zu sagen, deshalb nutze ich diesen Platz lieber, um zu sagen, dass ich nicht genug Platz habe, um viel zu sagen.

WINTERSCHNITT MOTIVIERT!

→ Zwischen November und Februar

SOMMERSCHNITT BREMST!

→ August bis September

Nicht bei Regen, Frost oder in der prallen Sonne schneiden!

BESSER SO: Oeschbergschnitt

Nach dem Schnitt mit Kompost düngen & mulchen

AUFBAU-SCHNITT

Ca. alle 2 Jahre um ⅓ zurück und in Form schneiden

ERHALTUNGS-SCHNITT

Äste, die nach innen wachsen, & Totholz wegschneiden

Von Ästen, die sich kreuzen oder aneinander scheuern, einen wegschneiden

Senkrechte Triebe (Schosser) wegschneiden

Der passende **SCHNITT** hängt von vielen Faktoren ab: Sorte, Alter, Zustand, Wünsche.

Beim Kauf fragen oder Leute vom Fach in den Garten bestellen

→ Alles einfach wachsen lassen, geht natürlich auch, wenn man genug PLATZ hat.

AUF DEN STOCK SETZEN

→ Für Sträucher mit biegsamen Trieben

BEEREN

→ Im Winterschnitt auf 8-10 Triebe zurückschneiden

→ Stachelbeere, rote und weiße Johannisbeere tragen am 2-3-jährigen Holz. Äste, die älter als 4 Jahre sind, bodennah schneiden plus Erhaltungsschnitt

→ schwarze Johannisbeere trägt am 1-jährigen Holz. Äste, die älter als 3 Jahre sind, bodennah schneiden plus Erhaltungsschnitt

→ Himbeere

SORTE:
→ Herbsthimbeere ist 1-jährig, also komplett auf 10 cm über dem Boden zurückschneiden

SORTE:
→ Sommerhimbeere trägt am 2-jährigen Holz. Triebe, die getragen haben (verästelt, braun, mit alten Fruchtansätzen), bodennah schneiden

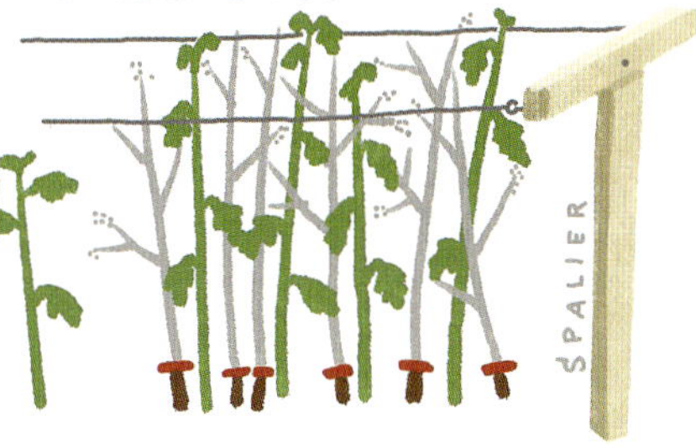

→ Brombeere trägt am 2-jährigen Holz. Braune (verholzte) Triebe bodennah schneiden und Seitentriebe auf 1-2 Augen zurückschneiden

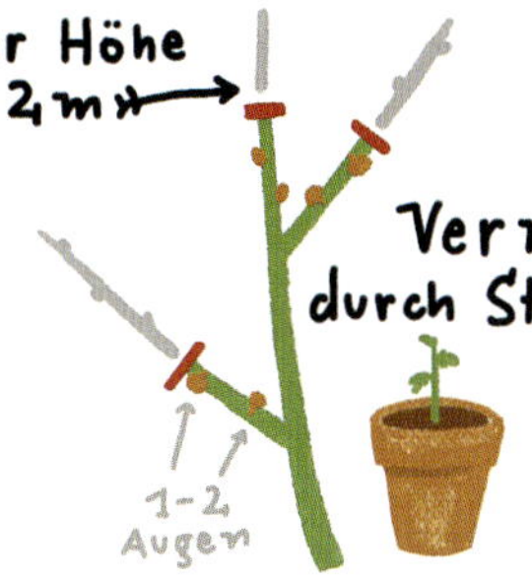

DIE SPRACHE DER PFLANZEN

Pflanzen **kommunizieren** über elektrische und chemische SIGNALE.

Pilze und Mikroorganismen helfen bei der Übertragung.

Durst!
Lass mich einfach.
Attacke!
ICH HELF DIR!
Ich glaub, ich steh' im Wald.
Schneller!
Wurzel an Blatt: Sofort Oberfläche verringern!
Duftstoffe und Säuren
Protonen und Elektronen
Färbt sich blau nach der Bestäubung
Nur eines von einer ZILLION Beispielen
Farben
Ultraschall
Eigentlich so, wenn wir das alles hören könnten.

GÄRTNERN mit dem MOND

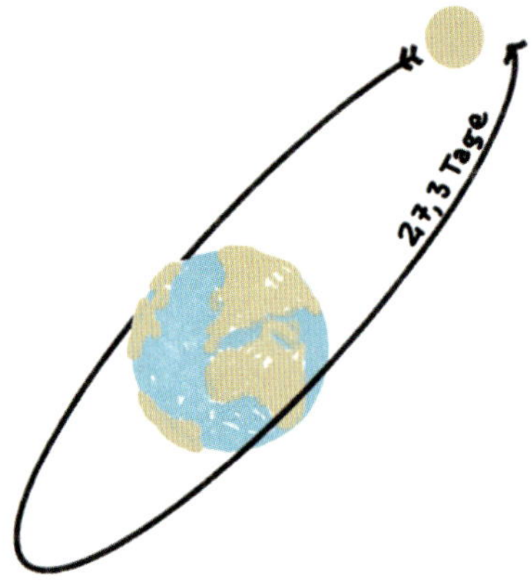

STIER

...hat in umfangreichen Feldversuchen festgestellt, dass durch den unterschiedlichen Abstand des Mondes zur Erde

4 ELEMENTE

spezifisch wirksam werden.

ERDE → Wurzel

LICHT → Blüte

WÄRME → Frucht

WASSER → Blatt

Außerdem wichtig: Vor welchem **Sternzeichen** er steht.

SCHÜTZE

LÖWE

Da sind natürlich noch viel mehr Sternzeichen, aber hier ist schließlich nicht das Universum. Platzmäßig.

Beim Säen, Pflanzen, Pflegen und Ernten...

...richtet man sich nach den Teilen der Pflanze, die man verwerten will.

WURM

BLATT, FRUCHT, WURZEL, BLÜTE

Also ich glaub dran.

Ich bin da skeptisch.

Du wieder …

BLATT

Salat, Spinat, alle Kohlarten (außer Brokkoli), Petersilie, Spargel, Fenchel, Blattkräuter, Chicorée, Mangold, Rhabarber

BLÜTE

Alle Blumen, Brokkoli, Raps, Lein

FRUCHT

Bohne, Erbse, Tomate, Kürbis, Melone, Gurke, Zucchini, Paprika, Soja, Linse, Mais, Aubergine, Getreide, Apfel, Birne, Beeren

WURZEL

Möhre, Radieschen, Rettich, Rote Bete, Sellerie, Zuckerrübe, Pastinake, Kartoffel, Knoblauch, Zwiebel

Mir gibt es Struktur! Und meine Radieschen sind größer als deine!

→ Sieht ungefähr so aus:

16. So	♊	Licht	Blüte
17. Mo	♋	Li/Wa	Blüte-10, ab 11 Blatt
18. Di	♋	Wasser	Blatt
19. Mi	♌	Wa/Wä	Blatt-2, 3-20 Frucht, ab 21 Wurzel
20. Do	♌	Wärme	Wurzel-7, ab 8 Frucht
21. Fr	♍	Wä/Er	Frucht-16, ab 17 Wurzel
22. Sa	♍	Erde	Wurzel

Maria Thun: Aussaattage
→ Gibt es jedes Jahr neu.

Keine Konkurrenz bitte! Schon vergessen?

WASSER

REGENWASSER
Möglichst VIEL & LANGE auf dem Gelände halten!
KREISLÄUFE statt
TONNEN
TEICHE (S. 44)
TANKS
SICKER-GRÄBEN
Steine
Kies

DÄCHER
SWALES & TERRASSEN
(S.34)
Wie Schwamm
Gemulchte & humose Böden speichern Wasser LÄNGER!
Regentonnen verbinden
TIPPS
ABLÄUFE
Wasserfälle reichern Wasser mit Sauerstoff an.
Erdtank oder Zisterne für große Gelände

WASSERLÄUFE

BIO abbaubar
NICHT ZU FETTIG
IDEE
Wasser sparen!
GRAUWASSER
Nur Gehölze, Stauden & Wiesen
Salat & Gemüse kann komisch schmecken.
Direkt nach der Abkühlung verwenden, damit sich keine Keime bilden können oder
FILTERN
Es gibt viele Methoden, Wasser zu reinigen: Kies-Versickerung, Retentionsfilter, überströmte Feuchtgebiete, Schwimminseln und und und...
BEISPIEL
Bepflanzter
BODENFILTER
Sumpfpflanzen liefern Sauerstoff & Mikroorganismen.
Schilfrohr, Binse, Segge
ABWASSER
VORKLÄRUNG
Grober Kies
Feiner Kies & Sand
Vlies
Folie
Kontroll-Schacht
Gereinigtes WASSER

AQUAKULTUR

Sumpfpflanzen (S.45) zur Reinigung
Wasserlinse vertreibt Algen & kann zum Mulchen verwendet werden.
Essbare Pflanzen, z.B. Brunnenkresse
FRESSEN & GEFRESSEN WERDEN
REGIONAL
Unterwasserpflanzen zum Schutz
GLEICHGEWICHT HALTEN!
Verschiedene Fischarten zusammenhalten!
Nährstoffe geben & nehmen
Eine gute PLANUNG ist hier besonders WICHTIG!
SONST:
VORHER Fachleute fragen oder
WELCHE Fische für welchen Teich am besten sind, hängt von vielen Faktoren ab.
Standort
Größe
Tiefe
Boden
Wasser

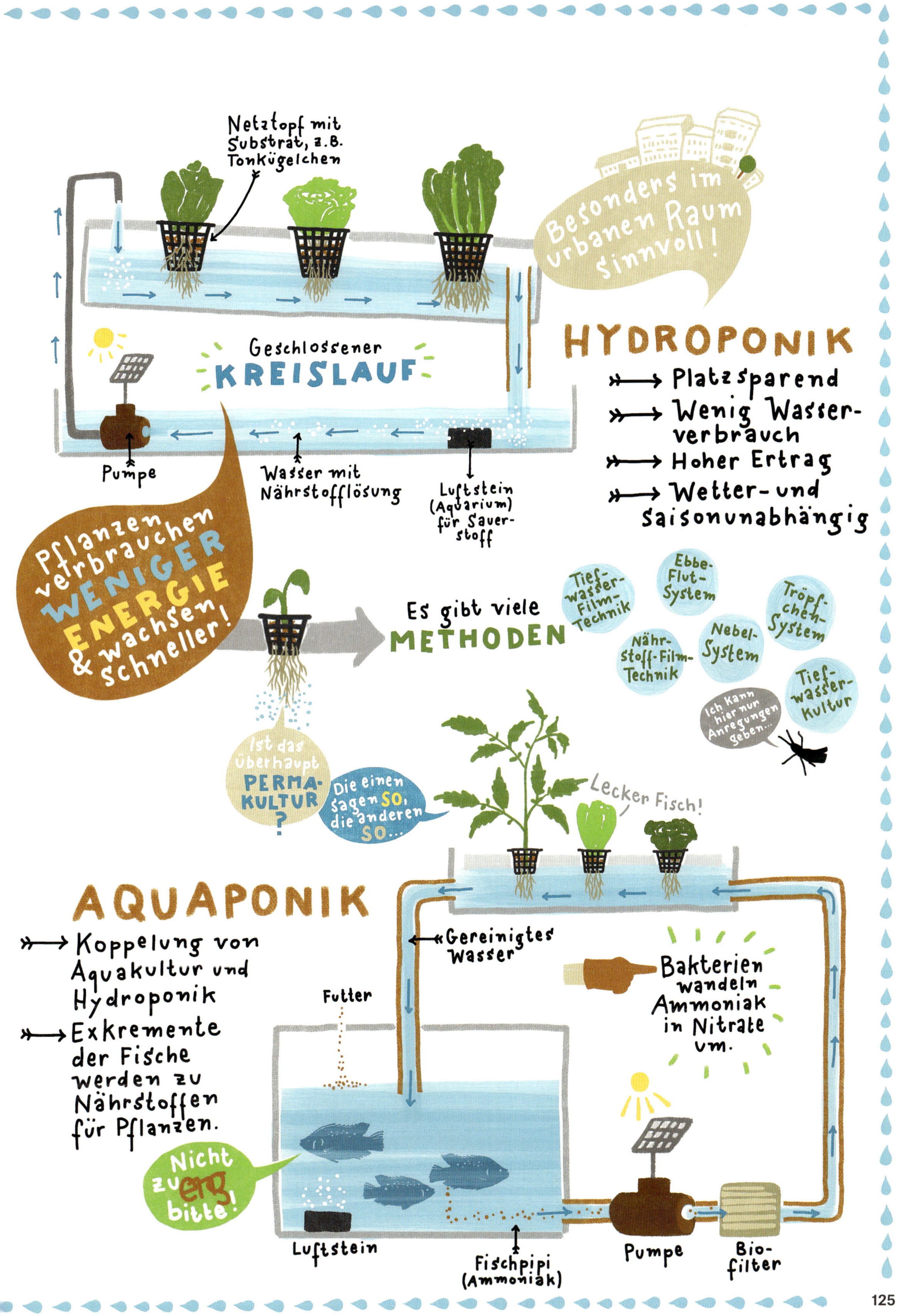
Netztopf mit Substrat, z.B. Tonkügelchen
Besonders im urbanen Raum sinnvoll!
Geschlossener KREISLAUF
Pumpe
Wasser mit Nährstofflösung
Luftstein (Aquarium) für Sauerstoff
HYDROPONIK
→ Platzsparend
→ Wenig Wasserverbrauch
→ Hoher Ertrag
→ Wetter- und Saisonunabhängig
Pflanzen verbrauchen WENIGER ENERGIE & wachsen schneller!
Es gibt viele METHODEN
Tiefwasser-Film-Technik
Ebbe-Flut-System
Tröpfchen-System
Nähr-stoff-Film-Technik
Nebel-System
Tiefwasser-Kultur
Ich kann hier nur Anregungen geben...
Ist das überhaupt PERMAKULTUR?
Die einen sagen SO, die anderen SO...
Lecker Fisch!
AQUAPONIK
→ Koppelung von Aquakultur und Hydroponik
→ Exkremente der Fische werden zu Nährstoffen für Pflanzen.
Gereinigtes Wasser
Futter
Bakterien wandeln Ammoniak in Nitrate um.
Nicht zu eng bitte!
Luftstein
Fischpipi (Ammoniak)
Pumpe
Biofilter

ANHANG

GLOSSAR

Aerob/Anaerob
Zwei Methoden der Kompostierung im Garten – aerob bedeutet mit Sauerstoff und anaerob ohne Sauerstoff.

Anzuchterde
Erde, in die gesät wird. Sie besteht zum großen Teil aus Humus und ist mager.

Ausgeizen
Junge Triebe in den Blattachseln der Tomatenpflanze werden ausgebrochen, damit die Pflanze mehr Energie hat.

Baumscheibe
Boden um das untere Ende eines Baumstamms, ca. in der Größe der Krone. Wird in der Permakultur bepflanzt.

Bestäuber
Meist Insekten, die Pollen von einer Blüte auf die Staubgefäße einer anderen transportieren. Wind ist auch ein Bestäuber.

Biomeiler
Wärme, die bei der Verrottung (Kompost) von organischem Material entsteht; wird genutzt, um Wasser zu erwärmen.

Bodendecker
Pflanzen, die in ihrer Wuchsform teppichartig den Boden bedecken und diesen so vor Austrocknung und Erosion schützen.

Bodengare
Krümelstruktur der Erde, die als Idealzustand eines fruchtbaren Bodens gilt.

Bokashi
Anaerob und mithilfe von Effektiven Mikroorganismen (EM) wird organischer Abfall fermentiert und zu hochwertigem Dünger. Kommt aus Japan.

Brache
Unbedeckter Boden.

Chicken Tractor
Mobiler Hühnerstall, den man gut zur Beetvorbereitung nutzen kann.

Erosion
Verlust von humosem Boden und Nährstoffen durch Wind oder das ungehinderte Abfließen von Niederschlägen.

Frostsenke
Mulde oder Loch, in dem sich kalte Luft und somit schneller Frost bildet.

Frühbeet
Kasten aus Holz oder Stein mit einem Glas- oder Acryldeckel, der im Frühjahr Pflanzen vor Frost schützt.

Gilde
Gruppe von Pflanzen, die sich gegenseitig begünstigen.

Grasnarbe
Zusammenhängender Bewuchs des Bodens durch Gras. Ausgestochen und umgedreht liefert die Grasnarbe Nährstoffe im Hügel- und Hochbeet.

Gründüngung
Schnell wachsende Pflanzen, die zur Bodenverbesserung angesät werden und vor der Blüte untergegraben werden.

Guerilla Gardening
Heimliches Säen von Pflanzen in der Stadt.

Häcksel
Klein gehackte Äste, die zum Mulchen, zur Kompostierung und zum Anlegen von Wegen verwendet werden können.

Höhenlinien
Linien auf einer Karte, die Form und Steigung eines Geländes darstellen. Je enger die Linien zusammenliegen, desto steiler ist das Gelände.

Humus
Organisches Material im Boden, das für seine Fruchtbarkeit eine wichtige Rolle spielt.

Jauche
Biomasse wird in Wasser angesetzt und zur Gärung gebracht. Jauchen werden als Dünger und zur Abwehr von Schädlingen eingesetzt.

Juglon
Farbstoff vom Walnussbaum, der sich keim- und wachstumshemmend auf viele Pflanzenarten und Pilze auswirken kann.

Kompost
Humoses Material, das durch Verrottung entsteht und sehr gut zum Düngen geeignet ist.

Kontiki
Pyrolyseofen zur Herstellung von Terra Preta.

Kopfschnitt *auch* Auf den Stock setzen
Zurückschneiden eines Strauchs bis kurz über den Boden, um im Folgejahr biegsame Äste für Zäune oder Stützen zu erhalten.

Krainerwand
Bestimmte Form einer Stützwand aus Holz, die gut zum Bau von Terrassierungen und Erdgewächshäusern geeignet ist.

Leguminosen
Pflanzen, die Stickstoff im Boden fixieren und ihn damit verbessern. Meist Hülsenfrüchtler wie Erbsen und Bohnen.

Lichtkeimer
Samen, die für die Keimung Licht benötigen, z. B. Salat und Dill.

Mikroklima
Klima, welches sich durch spezifische Anordnung von Elementen vom Klima der Umgebung positiv unterscheidet.

Mikroorganismen
Mikroskopisch kleine Lebewesen wie Bakterien, Mikroalgen und viele Pilze, die eine wichtige Rolle für die Bodenfruchtbarkeit spielen.

Mischkultur *auch* Polykultur
Kombination aus Pflanzen, die sich gegenseitig günstig beeinflussen und sogar Schädlinge vom Leib halten.

Mulch
Material wie Häcksel, Grasschnitt und Stroh, mit dem man offenen Boden bedeckt, um die Feuchtigkeit zu halten und das Bodenleben zu fördern.

Mutterboden
Oberste und fruchtbarste Schicht des Bodens, die einen hohen Anteil an Nährstoffen enthält.

Mykorrhiza
Symbiose aus Pilzen und den Wurzeln von Pflanzen, die für beide von Vorteil ist.

Myzel *auch* Hyphen
Unterirdische feine Fäden eines Pilzes, die mit bloßem Auge nicht zu erkennen sind, aber eine wichtige Funktion in der Kommunikation unter Pflanzen einnehmen.

Permablitz
Zusammentreffen vieler Helfer, die gemeinsam einen Tag lang an einem Permakultur-Projekt arbeiten.

Permakulturprinzipien
Zwölf Prinzipien von David Holmgren und Bill Mollison, die das Fundament der Permakultur bilden.

pH-Wert
Maß für den sauren oder basischen Charakters des Bodens. Ein pH-Wert von 6,5 bis 7,5 gilt als neutral.

Randzone
Übergangsbereich zwischen zwei Systemen, beispielsweise Waldrand oder Ufer, in dem eine hohe Artenvielfalt herrscht.

Solarthermie
Umwandlung von Sonnenenergie in nutzbare thermische Energie.

Solawi
Solidarische Landwirtschaft.

Staunässe
Wasser in der Erde oder im Topf, das nicht richtig abfließen kann. Wurzeln können nicht mehr genug Sauerstoff und Nährstoffe aus dem Boden aufnehmen.

Sukzession
Zeitliche Abfolge der an einem Standort einander ablösenden Pflanzen- und Tiergesellschaften.

Swales
Gräben, die gezielt angelegt werden, um Wasser länger auf einem Gelände zu halten.

Terra Preta *auch* Schwarze Erde
Pflanzenkohle, die mit Nährstoffen angereichert wird und für langfristige Düngung im Boden sorgt. Erstmals am Amazonas entdeckt.

Terrassierung
Das Anlegen von bepflanzbaren Terrassen an Steilhängen.

Urban Gardening
Gemeinschaftliches Gärtnern auf Brachflächen, Dächern etc. in der Stadt.

Urgesteinsmehl
Zermahlenes Gestein, das zur Verbesserung der Bodenfruchtbarkeit eingesetzt wird.

Verdichtung
Durch schwere Geräte wie Traktoren werden die einzelnen Elemente des Bodens verdichtet, was das Wurzelwachstum erschwert und zu Sauerstoffmangel führen kann.

Verlandung
Gewässer wachsen mit der Zeit zu und werden zu Land.

Verrottung *auch* Rotte
Organisches Material wird unter Einfluss von Sauerstoff und Bodenlebewesen abgebaut.

Waldgarten *auch* Waldrandgarten
Bäume, Sträucher, Stauden, Wurzelgemüse, Kletterpflanzen und Bodendecker werden in Stockwerken angepflanzt und begünstigen sich so gegenseitig.

Walipini
Erdgewächshaus, ursprünglich aus den Anden, bei dem die Bodenwärme genutzt wird.

Zehrer
Es gibt starkzehrende, mittelzehrende und schwachzehrende Pflanzen, die sich in ihrem Nährstoffbedarf unterscheiden.

Zonen
Unterteilung eines Gartens oder Geländes in intensiv und weniger intensiv bewirtschaftete Zonen.

BÜCHER

Eine Muster-Sprache
Christopher Alexander u.a.
Wichtiges Buch über Planung und Architektur.

Permakultur Design
A. Aranya
Theorie und Praxis Schritt für Schritt erklärt. Gut für Einsteiger.

Permakultur
Christoph Bachmann u.a.
Grundlagen und Praxisbeispiele für nachhaltiges Gärtnern von der Planung bis zur Umsetzung.

Handbuch Wintergärtnerei
Eliot Coleman
Wie man im Winter Gemüse anbaut und die geeigneten Gemüsesorten findet.

Wie du dein eigenes Saatgut gewinnst – und so ein kleines Stück Welt rettest
Sigrid Drage
Umfangreiche Infos und Tipps, um resistente und ertragreiche Samen und Stecklinge zu erhalten.

Gesunder Garten durch Mischkultur
Gertrud Franck u.a.
Standardwerk zur Mischkultur.

Der Große Weg hat kein Tor
und
Die Suche nach dem verlorenen Paradies
Masanobu Fukuoka
Beides Standardwerke in der Permakultur. Natürliche Landwirtschaft als Ausweg aus der Krise. Die Art seiner Landwirtschaftsmethode bezeichnet er selbst als »Nichts-Tun-Landwirtschaft«.

Letzter Ausweg: Permakultur
und
Permakultur im Hausgarten
Jonas Gampe
Handbücher zur Planung und Gestaltung mit vielen Beispielen.

Handbuch Samengärtnerei
Andrea Heistinger u.a.
Standardwerk zur Saatgutgewinnung.

Permakultur. Gestaltungsprinzipien für zukunftsfähige Lebensweisen
David Holmgren
Umfassende Ethik- und Gestaltungsprinzipien, die sich auch auf Bildung, Gesundheit und Architektur bis hin zu Unternehmensführung, Finanzwesen und Wirtschaftssystemen anwenden lassen.

Sepp Holzers Permakultur
Sepp Holzer u.a.
Praktische Anwendung in Garten, Obst- und Landwirtschaft mit vielen Beispielen und Alternativen.

Gärtnern im Biotop mit Mensch
Gerda Kleber u.a.
Umfassendes Buch über zukunftsfähiges Gärtnern mit vielen Beispielen, wie man Gartenelemente miteinander vernetzt und deren Multifunktionen nutzt.

Rainwater Harvesting for Drylands and Beyond
Brad Lancaster
Leitfaden auf Englisch zur Konzeption, Gestaltung und Umsetzung nachhaltiger Wassersysteme.

Biodünger
Joachim Mayer u.a.
Wie man natürliche Flüssigdünger herstellt und sie gezielt einsetzt.

Permakultur für Einsteiger
Andrew Mikolajski
Nachhaltiges und biologisches Gärtnern anhand von neun Grundprinzipien anschaulich erklärt.

Handbuch der Permakultur-Gestaltung
Bill Mollison
Standardwerk der Permakultur. Alles über Gestaltung und Erhaltung landwirtschaftlich produktiver Ökosysteme.

Permakultur konkret
Bill Mollison
Drei Vorträge, die Bill Mollison 1981 in den USA zu Grundlagen, Planung und Techniken der Permakultur gehalten hat.

Urban Gardening
Christa Müller
Verschiedene Gartenprojekte und deren Ziele und Erfolge werden vorgestellt. Ein umfassender Blick auf die Gartenbewegung.

Nachhaltige Aquakultur
Konrad Ott u.a.
Über Nachhaltigkeit in der Aquakultur und deren Umsetzung.

Frisches Gemüse im Winter ernten
Wolfgang Palme
Die einfachsten Methoden und besten Sorten für den Winteranbau. Mit Poster.

Urban Farming
Juliane Ranck u.a.
Gemüse anbauen, gemeinschaftlich gärtnern, Ernährungssouveränität schaffen.

Obstbaumschnitt in Bildern
Hans Walter Riess
Hier wird Schritt für Schritt der Obstbaumschnitt erklärt.

Die Humusrevolution
Ute Scheub u.a.
Den Boden heilen, das Klima retten und die Ernährungswende schaffen.

WEBSITES

Selbstversorgung aus dem Garten
John Seymour
Der Klassiker der Selbstversorgung mit vielen Illustrationen.

Der Regenwurm ist immer der Gärtner
Amy Stewart
Eine Liebeserklärung an den Wurm.

Die Philosophie des Gärtnerns
Blanka Stolz
Texte verschiedener Autoren über die philosophische Dimension der Gartenarbeit.

Gärtnern nach dem Mond
Maria Thun
Säen, pflanzen, pflegen, ernten und konservieren an Tagen mit günstigen kosmischen Einflüssen.

Was wir für die Erde tun können
Patrick Whitefield
Praxisnaher Ausblick auf zukunftsfähige Alternativen zum Umgang mit Nahrung, Energie, Wasser und Wohnen.

Wasserreinigung mit Pflanzen
Friedrich Wissing u.a.
Alles über natürliche und technische Feuchtgebiete und den Bau von Wasserreinigungsanlagen.

holmgren.com.au
Homepage von David Holmgren mit Interviews, Texten, Workshops.

permakultur-konkret.ch
Umfangreiche und schön aufbereitete Website aus der Schweiz. Der Pflanzenplaner ist sehr nützlich und enthält über 400 Pflanzenporträts.

permakultur.de
Website vom Permakultur Institut e.V.

permakultur.ch
Seite vom Verein Permakultur Schweiz.

permakulturblog.de
Viele Infos zur Permakultur.

permakultur-akademie.com
Informationen von der Permakultur-Akademie im Alpenraum.

permakultur-campus.de
Ausbildungsstätte für Permakultur in Hamburg mit einem breiten Kursprogramm.

der-waldgarten.de
Blog mit Einblicken, Erkenntnissen und Experimenten rund um Permakultur.

wasser-ernten.de
Website von Thomas Oberländer mit vielen Infos rund ums Wasser und Kursangeboten.

raiffeisen-laborservice.de
Bodenprobe einschicken und erfahren, wie die Beschaffenheit und der Nährstoffgehalt des Bodens zusammengesetzt sind.

terratirol.at
Homepage der TerraTirol KG, die seit mehreren Jahren mit Terra Preta und Effektiven Mikroorganismen arbeitet.

ithaka-journal.net
Journal für Ökologie, Weinbau und Klimafarming.

wurzelwerk.net
Blog von Marie rund um das Thema Selbstversorgung. Mit sehr lehrreichen Videos.

aufbauende-landwirtschaft.de
Die Methoden einer regenerativen Agrikultur.

pilzgarten.info
Zucht von verschiedenen Speise- und Heilpilzen in Bio-Qualität.

alpine-permakultur.ch
Die Schweibenalp, über Alpine Permakultur.

WEITERE THEMEN

Reisen
permacultureglobal.org
wwoof.net
permaculture-network.eu
workaway.info

Solawi
ernte-teilen.org
solidarische-landwirtschaft.org

Saatgut und Equipment
dreschflegel.de
hofjeebel.de
manfredhans.de
reinsaat.at
sativa-rheinau.ch
gartengorilla.com

Urban Gardening
urbane-gaerten.de
urban-gardening-manifest.de
anstiftung.de
stadtwurzel.ch
prinzessinengarten.net
guerrillagardening.org

REGISTER

DANK

Mein besonderer Dank geht an folgende Unterstützer*innen: Edouard, Eike, Gregor, Harlob, Michael, Miene, Niko, Rita und an das »Haus am Watt« mit seiner ganzen Vielfalt und dem Garten, in dem ich frei experimentieren darf.

Angela Gerlach hat an der HAW in Hamburg Design studiert. Seit 2006 ist sie als Illustratorin tätig und arbeitet u. a. für Greenpeace, Die Zeit, den Spiegel-Verlag, die Stadt Hamburg und die Deutsche Bahn. Seit zehn Jahren beackert sie den Permakultur-Gemüsegarten eines Hotels an der Nordsee und hat 2019 eine Ausbildung zur Permakultur-Gestalterin abgeschlossen.
www.angelagerlach.com

Dieses Buch wurde klimaneutral produziert.

Klimaneutral
Druckprodukt
ClimatePartner.com/17531-2110-1001

Erste Auflage 2022

Verlagskoordination: Vera Maas, Kathrin Nick
Lektorat: Christine Fellhauer, Düsseldorf
Gesamtgestaltung: Angela Gerlach
Satz: Birgit Haermeyer
Druck und Verarbeitung: DZS Grafik d.o.o., Ljubljana

Printed in Slovenia
ISBN 978-3-8321-6910-7
www.dumont.buchverlag.de